新型农民现代农业技术与技能培训丛书

草本花卉工培训教材

张智乾 义鸣放 编著

金盾出版社

内 容 提 要

本书是"新型农民现代农业技术与技能培训丛书"的一个分册,由中国农业大学观赏园艺与园林系专家编著。内容包括:草本花卉工岗位职责与素质要求,草本花卉工须具备的基础知识,草本花卉的繁育与栽培管理,一二年生草本花卉、宿根花卉、球根花卉、水生花卉的种类及各种花卉的繁殖方法、栽培管理、病虫害防治和应用配置技术等。本书可作为县(市)举办花卉工培训的教材,亦可供广大花农、园艺设计配置人员和相关院校广大师生阅读参考。

图书在版编目(CIP)数据

草本花卉工培训教材/张智乾,义鸣放编著.—北京:金盾出版社,2008.6
(新型农民现代农业技术与技能培训丛书)
ISBN 978-7-5082-5120-2

Ⅰ.草… Ⅱ.①张…②义… Ⅲ.草本植物:花卉-观赏园艺-技术培训-教材 Ⅳ.S68

中国版本图书馆 CIP 数据核字(2008)第 070790 号

金盾出版社出版、总发行
北京太平路 5 号(地铁万寿路站往南)
邮政编码:100036 电话:68214039 83219215
传真:68276683 网址:www.jdcbs.cn
封面印刷:北京百花彩印有限公司
正文印刷:北京华正印刷有限公司
装订:北京华正印刷有限公司
各地新华书店经销
开本:850×1168 1/32 印张:4.75 字数:113 千字
2009 年 2 月第 1 版第 2 次印刷
印数:10001—20000 册 定价:9.00 元

(凡购买金盾出版社的图书,如有缺页、
倒页、脱页者,本社发行部负责调换)

新型农民现代农业技术与技能培训丛书

编委会

主 任

唐运新　谭祜德

委 员
（按姓氏笔画排列）

王清兰	邓望喜	史德宽	任克良
刘　新	孙双全	李　钦	李合生
李治民	李泽炳	李晓军	沈火林
张　建	张元恩	陈国平	陈章久
陈黎红	肖发沂	郑世发	施森宝
黄明双	曹克驹	曹尚银	彭中镇

序　　言

中共中央、国务院[2007]1号文件明确指出，加强"三农"工作，积极发展现代农业，扎实推进社会主义新农村建设，是全面落实科学发展观、构建社会主义和谐社会的必然要求，是加快社会主义现代化建设的重大任务。

我国农业人口众多，发展现代农业、建设社会主义新农村，是一项伟大而艰巨的综合工程，不仅需要深化农村综合改革、加快建立投入保障机制、加强农业基础建设、加大科技支撑力度、健全现代农业产业体系和农村市场体系，而且必须注重培养新型农民，造就建设现代农业的人才队伍。

胡锦涛总书记在党的十七大报告中进一步指出，要培育有文化、懂技术、会经营的新型农民，发挥亿万农民建设新农村的主体作用。

新型农民是一支数以亿计的现代农业劳动大军，这支队伍的建立和壮大，只靠学校培养是远远不够的，主要应通过对广大青壮年农民进行现代农业技术与技能的培训来实现。金盾出版社在对农业岗位培训进行广泛调研的基础上，与中国农业大学老科技工作者协会、华中农业大学老教授协会等单位共同策划，约请数百名农业专家、学者参加，组织编写了"新型农民现代农业技术与技能培训丛书"（以下简称"丛书"）。"丛书"坚持从现阶段我国青壮年农民的文化技术水平出发，突出现代农业技术与技能的传授，注重其先进性和实用性；"丛书"以教材形式编写，共有88个分册，涉及81个农业岗位，除水稻农艺工、蔬菜园艺工、蔬菜植保员、果树植保员分南方本和北方本外，其他均为一个岗位一本培训教材，以方便县（市）、乡（镇）、村组织新型农民培训和农业企业进行岗位培训时选用。"丛书"的组编和出版，还得到了河北农业大学、沈阳农业大学、西北农林科技大学、甘肃农业大学、北京农学院、山东畜牧兽医职业技术学院、大连民族学院、中国农业科学院茶叶研究所、中国农业科学院油料研究所、中国农业科学院郑州果树研究所、中国农业科学院特产研究所、中国农业科学院桑蚕研究所、中国养蜂学会、内蒙古自治区农牧科学院、甘肃省蔬菜研究所、山东省果树研究所、广西壮族自治区柑桔研究所、山西省畜牧兽医研究所等单位部分专家、教授的支持和参与，并列入劳动和社会保障部《全国职业培训与技能鉴定用书目录》，进行推荐，使我们深感欣慰，在此表示衷心感谢。我们希望和相信，通过"丛书"的出版发行，能为新型农民队伍的发展壮大贡献一份力量，也能为现代农业技术与技能培训积累一些可供借鉴的经验。

"丛书"编写时间有限，各分册存在不足或错漏在所难免，恳请同仁和各使用单位批评指正。

编 委 会
2008 年 1 月

前　言

20世纪50年代初,我国开始了有组织、有计划的花卉生产,50年代末,花卉业的发展逐渐走向正规。进入80年代,随着国民经济的高速发展和人民生活水平的不断提高,我国花卉业得到了空前的发展,至今方兴未艾。花卉业的兴起不仅对农业产业结构调整、农业增产、农民增收起到了促进作用,而且带动了许多地方和农户走上了富裕道路,也因此成为了许多乡镇企业和个人奔小康的支柱产业。

本书作为"新型农民现代农业技术与技能培训丛书"的一个分册,编写上立足于新型农民的培训,尽可能多地介绍当前生产经营中涉及到的草本花卉,内容力求简明扼要、通俗易懂,以便满足读者实用的要求。以唐菖蒲为例,介绍的内容包括6个方面:外观形态、生态习性、繁殖方法、栽培管理、病虫害防治以及配置应用。

本书的内容主要包括:草本花卉工岗位职责与素质要求,草本花卉工须具备的基础知识,草本花卉的繁育与栽培管理,一二年生草本花卉、宿根花卉、球根花卉和水生花卉等58种花卉的具体栽培技术。

本书主要供草本花卉生产者、草本花卉专业户、草本花卉爱好者参阅。由于笔者水平所限,书中如有不当之处,敬请同行、专家及广大读者批评指正。

编著者
2008年3月

目 录

第一章 草本花卉工岗位职责与素质要求 ……………（1）
一、草本花卉工岗位职责 ………………………………（1）
二、草本花卉工素质要求 ………………………………（2）
　（一）职业素质 …………………………………………（2）
　（二）专业素质 …………………………………………（2）

第二章 草本花卉工须具备的基础知识 ……………（4）
一、草本花卉的概念及分类 ……………………………（4）
　（一）按生命周期和地下形态划分 ……………………（4）
　（二）按栽培环境划分 …………………………………（6）
　（三）按园林用途划分 …………………………………（6）
　（四）按经济用途分类 …………………………………（7）
　（五）其他分类 …………………………………………（7）
二、切花、盆花、种苗生产概述 ………………………（7）
　（一）切花生产概述 ……………………………………（7）
　（二）盆花生产概述 ……………………………………（9）
　（三）种苗生产概述 ……………………………………（10）
三、草本花卉设施栽培的设备与应用 …………………（12）
　（一）温室 ………………………………………………（12）
　（二）大棚 ………………………………………………（13）
　（三）荫棚 ………………………………………………（13）
　（四）冷床与温床 ………………………………………（13）
　（五）花卉生产机具 ……………………………………（14）
四、草本花卉的配置与应用 ……………………………（14）
　（一）花坛 ………………………………………………（14）

· 1 ·

(二)花境 ·· (14)
　　(三)其他应用形式 ··· (14)
第三章　草本花卉的繁育与栽培管理 ···························· (16)
　一、草本花卉繁殖方法 ·· (16)
　　(一)有性繁殖 ·· (16)
　　(二)无性繁殖 ·· (17)
　　(三)孢子繁殖 ·· (19)
　二、草本花卉工厂化育苗 ······································ (20)
　　(一)设施与设备 ·· (20)
　　(二)播种和育苗 ·· (21)
　三、露地花卉的栽培管理 ······································ (22)
　　(一)整地做畦 ·· (22)
　　(二)间苗移栽 ·· (22)
　　(三)浇水 ·· (22)
　　(四)施肥 ·· (23)
　　(五)中耕除草 ·· (23)
　四、温室花卉的栽培管理 ······································ (24)
　　(一)温室花卉的一般管理 ···································· (24)
　　(二)栽培基质的准备 ·· (24)
　　(三)容器栽培 ·· (25)
　　(四)浇水 ·· (25)
　　(五)施肥 ·· (26)
　五、草本花卉无土栽培 ·· (26)
　　(一)无土栽培基质 ·· (26)
　　(二)无土栽培的装置 ·· (27)
　　(三)无土栽培的方法 ·· (27)
　　(四)无土栽培的步骤 ·· (27)
第四章　一二年生草本花卉 ····································· (30)

目　录

一、温室一二年生草本花卉 …………………………………… (30)
　(一)瓜叶菊 ………………………………………………… (30)
　(二)彩叶草 ………………………………………………… (32)
　(三)蒲包花 ………………………………………………… (37)
　(四)四季报春花 …………………………………………… (38)
　(五)四季秋海棠 …………………………………………… (40)
二、露地一二年生草本花卉 …………………………………… (42)
　(一)一串红 ………………………………………………… (42)
　(二)鸡冠花 ………………………………………………… (44)
　(三)金鱼草 ………………………………………………… (45)
　(四)矮牵牛 ………………………………………………… (46)
　(五)凤仙花 ………………………………………………… (48)
　(六)牵牛花 ………………………………………………… (49)
　(七)虞美人 ………………………………………………… (50)
　(八)三色堇 ………………………………………………… (51)
　(九)石竹 …………………………………………………… (52)
　(十)百日草 ………………………………………………… (53)
　(十一)金盏菊 ……………………………………………… (55)
　(十二)飞燕草 ……………………………………………… (56)
　(十三)福禄考 ……………………………………………… (57)
　(十四)长春花 ……………………………………………… (58)
　(十五)万寿菊 ……………………………………………… (59)
　(十六)翠菊 ………………………………………………… (60)
　(十七)半支莲 ……………………………………………… (61)
　(十八)矢车菊 ……………………………………………… (62)
　(十九)风铃草 ……………………………………………… (63)
　(二十)何氏凤仙 …………………………………………… (64)
第五章　宿根花卉 ……………………………………………… (66)

· 3 ·

一、常见宿根花卉 ································ (66)
　（一）菊花 ···································· (66)
　（二）香石竹 ································· (73)
　（三）芍药 ···································· (75)
　（四）鸢尾 ···································· (77)
　（五）鹤望兰 ································· (78)
　（六）大花君子兰 ···························· (79)
　（七）玉簪 ···································· (82)
　（八）非洲菊 ································· (83)
　（九）火鹤花 ································· (85)
二、室内宿根观叶植物 ······················· (86)
　（一）吊兰 ···································· (86)
　（二）文竹 ···································· (88)
　（三）孔雀竹芋 ······························ (89)
　（四）铁线蕨 ································· (90)
　（五）花叶万年青 ···························· (92)

第六章　球根花卉 ···························· (95)
一、露地球根花卉 ······························ (95)
　（一）唐菖蒲 ································· (95)
　（二）大花美人蕉 ···························· (97)
　（三）大丽花 ································· (101)
　（四）晚香玉 ································· (102)
　（五）郁金香 ································· (104)
　（六）百合 ···································· (107)
　（七）风信子 ································· (111)
　（八）花毛茛 ································· (113)
　（九）水仙 ···································· (114)
二、温室球根花卉 ······························ (118)

目　　录

　　(一)仙客来 ·· (118)
　　(二)球根秋海棠 ··· (120)
　　(三)大岩桐 ·· (122)
　　(四)马蹄莲 ·· (123)
　　(五)小苍兰 ·· (125)
　　(六)朱顶红 ·· (127)
第七章　水生花卉 ·· (129)
　一、常见水生花卉 ·· (129)
　　(一)荷花 ··· (129)
　　(二)睡莲 ··· (132)
　　(三)千屈菜 ·· (133)
　　(四)凤眼莲 ·· (134)
　二、其他水生花卉 ·· (135)
附录:草本花卉工培训考核项目及评分标准 ············ (137)

第一章　草本花卉工岗位职责与素质要求

　　草本花卉工是从事草本花卉的繁殖、栽培管理和产品应用的一线技术人员，对于草本花卉的生产和引领农民致富负有重要的指导责任。因此，草本花卉工必须明确自己的岗位职责和素质要求，这是做好自身工作的首要条件。

一、草本花卉工岗位职责

　　草本花卉工的工作面十分宽泛，涉及到草本花卉生产的方方面面，其中最主要的工作可归纳为以下8条。

　　第一，严格遵守单位的各项规章制度，服从工作安排。

　　第二，负责单位苗圃花园草本花卉的繁殖、栽培，盆栽花卉的上盆换盆，花卉的浇水、施肥及病虫害防治等。要求枝叶生长茂盛，花朵硕大，无病虫害，无缺水、缺肥现象，并及时做好荫护、防冻工作。

　　第三，按生产计划完成花卉的培育、繁殖和管理等项工作。

　　第四，负责花卉品种的改良、更新、引种、种质资源保存、新优品种繁殖及制作盆栽盆景等艺术含量高的产品。

　　第五，做好农机具、化肥、农药的保管。库内排放整齐，领用时均应有签名，确保物资管理流程清晰，做到出库入库手续清楚。

　　第六，搞好安全生产。农机、电器的使用要按规范操作。注意用药、用肥安全，防止浪费现象。

　　第七，负责生产场所和工具房的卫生，保持整洁干净。做好防火、防盗工作，防止一切事故的发生。

第八,完成领导交办的其他各项任务。

二、草本花卉工素质要求

素质是工作质量的必要条件,只有具备良好的个人素质,才能保障优异的工作质量。

(一)职业素质

第一,爱岗敬业,遵纪守法,勤奋工作,积极做好花卉生产中各个环节的工作。

第二,注重理论知识及专业技能的学习,不断总结实践经验,经过长期积累,成为本专业优秀的技术人才。

第三,严格遵守技术规范和操作规程,确保完成生产任务,并确保安全生产。

第四,具有团队精神,具有大局观念,处处维护集体利益。对工作中出现的矛盾有较强的协调能力,保证工作顺利进行。

(二)专业素质

第一,了解草本花卉工岗位技术操作规程和规范。

第二,了解常见草本花卉(50种以上)的形态特征,并掌握繁殖和栽培管理操作规程及方法。

第三,了解当地土壤的性状和介质土配制的要求。

第四,了解常见草本花卉病虫害的种类、防治方法和常用农药及肥料的安全使用与保管业务。

第五,了解常见草本花卉栽培设备及设施,熟知各种花卉设施栽培的技术要点,不失时机地培育草本花卉的应时产品供应市场。

第六,可以进行常用农药的配制和使用,有效控制病虫害的发生和传播。

第一章　草本花卉工岗位职责与素质要求

思 考 题

1. 草本花卉工的岗位职责是什么？怎样才能履行好自己的职责？
2. 草本花卉工应具备什么样的素质？怎样才能提高自身素质？

第二章　草本花卉工须具备的基础知识

一、草本花卉的概念及分类

草本花卉是指茎秆木质部不发达、木质化细胞较少、生命周期较短的观赏植物。

草本花卉与其他作物相比，具有属及种众多、习性多样、生态条件复杂和栽培技术不一等特点。草本花卉可按生命周期、栽培环境、园林用途等不同侧面进行多种分类，每种分类方法各有其优缺点和实用性。

(一)按生命周期和地下形态划分

1. 一年生草本花卉　种子发芽后，在当年开花结实、完成生命周期而枯死的为一年生花卉。一般在春季无霜冻后播种，多为短日照型，于夏、秋季开花结实后死亡。如一串红、刺茄、半支莲(细叶马齿苋)、鸡冠花、波斯菊等。

2. 二年生草本花卉　生命周期跨越2个年份。一般是在秋季播种，种子发芽当年只进行营养生长，到第二年春季或夏季开花、结实，直至死亡。如金鱼草、金盏菊、三色堇、虞美人等。

3. 多年生草本花卉　生命周期在2年以上。它们的共同特征是都有永久性的地下部分(地下根、地下茎)，常年不死。根据地下形态又将多年生草本花卉划分为球根花卉和宿根花卉。

(1)球根花卉　是指具有膨大的根或地下茎的多年生草本花卉。这类花卉地下部膨大的器官具有贮藏养分、保护和保存芽体及生长点的功能。每当地上部分枯萎后,地下的球根就以休眠状态度过不良季节,待环境条件适宜后,可重新萌芽生长。

球根花卉因其地下变态部分的形态起源不同又可分为以下几类。

①鳞茎类:地下茎短缩成圆盘状的茎盘。叶片变成肥厚多汁的变形体鳞片,贮存有淀粉、糖、蛋白质等大量养分。鳞片着生在茎盘上,鳞片之间形成腋芽。根从茎盘下部木质化的底盘周围发生。如百合、郁金香、风信子、水仙等。

②球茎类:地下茎短缩成实心的圆形或扁圆形球状体,上有明显的横纹状茎节,且包被着1~2层干膜状鳞片,茎节上着生侧芽,根从球茎的底部发生。如唐菖蒲、番红花、小苍兰、菖蒲鸢尾等。球茎在生长期间随着贮藏养分的耗尽而萎缩,但同时在其顶部形成1个至多个新球。

③块茎类:地下茎膨大成不规则的块状或球状,表面无干膜状鳞片包被,也无生根的茎盘。根在其粗糙的表面多处发生,芽着生在茎节的部位。如仙客来、马蹄莲、大岩桐、球根秋海棠、白头翁、花叶芋、银莲花、晚香玉等。

④块根类:这种类型是一种真正的根变态。由根或不定根异常膨大成球状或块状,贮藏大量养分,但不具备吸收功能,水分和养分的吸收靠须根系统。它的发芽点仅限制在被称为根冠的根颈部位。如大丽花、花毛茛、独尾草等。

⑤根茎类:地下茎增粗,在地表下呈水平状生长,外形似根,同时又形成分支四处伸展,先端具顶芽,茎节上着生侧芽和不定根。如美人蕉、姜花、红花酢浆草等。

(2)宿根花卉 宿根花卉是指地下器官没有发生变态、未形成球状或块状的多年生草本花卉。常见的宿根花卉有芍药、菊花、香石竹、非洲菊、天竺葵、文竹等。

(二)按栽培环境划分

1. 水生花卉 这类花卉的全部或根部必须生活在水中,离水后时间一旦过长会干枯死亡。如王莲、水芙蓉、苦草、金鱼藻等。

2. 岩生花卉 指耐旱性强、适合在岩石园栽培的花卉,常在园林栽培中选用。一般为宿根性或基部木质化的亚灌木类植物,还有蕨类等喜阴湿的植物。如马蔺、薯草、景天等。

3. 露地花卉 就是在自然条件下完成全部生长过程,不需保护地栽培。露地花卉依其生活史可分为一年生花卉、二年生花卉和多年生花卉。

4. 温室花卉 指原产热带、亚热带及南方温暖地区的花卉。在北方寒冷地区必须在温室内培养,或冬季需要在温室内保护越冬。可分为一年生花卉、二年生花卉和多年生花卉。

(三)按园林用途划分

1. 切花 栽培的目的是剪取花枝、叶枝和果枝供瓶插或其他装饰之用。

(1)一二年生草花 如金鱼草、须苞石竹、飞燕草、风铃草等。

(2)宿根类 如菊花、非洲菊、满天星、鹤望兰等。

(3)球根类 如百合、郁金香、马蹄莲、香雪兰等。

2. 盆栽 将花卉栽植在容器内供室内及庭园装饰之用。

(1)盆花 如菊花、兰花、君子兰、仙客来等。

(2)观叶植物 如文竹、竹芋、万年青、绿萝、喜林芋等。

3. 地栽 将花卉栽植于露地用以布置花坛、花境或点缀园景之用。

(1)花坛花卉 指可用于布置花坛的一二年生露地花卉。如三色堇、金鱼草、万寿菊、一串红、矮牵牛等。

(2)花境花卉 指可用于布置绿篱、栏杆、建筑物前或道路两侧的多年生花卉。如玉簪、鸢尾、芍药等。

(3)荫棚花卉　指在园林设计中,可布置于亭台树荫下生长的花卉。如牵牛花、茑萝、田旋花以及蕨类植物等。

(四)按经济用途分类

1. 药用花卉　如芍药、桔梗、牵牛、麦冬、鸡冠花、凤仙花、百合、贝母及石斛等为重要的药用植物。另外,金银花、菊花、荷花等均为常见的药用植物。

2. 香料花卉　香料花卉在食品、轻工业等方面用途很广。如茉莉等可熏制茶叶,菊花可制作高级食品和菜肴,百合、薰衣草、水仙花、腊梅等可提取香精。

3. 食用花卉　利用花的叶或花朵直接食用。如百合,既可作切花,又可食用;菊花脑、黄花菜既可用作绿化苗木,又可以食用。

(五)其他分类

除以上分类外,还可以依据花卉原产地分类:如中国气候型、欧洲气候型、地中海气候型、墨西哥气候型、热带气候型、沙漠气候型、寒带气候型等。还可依据自然分布分类:如热带花卉、温带花卉、寒带花卉、高山花卉、水生花卉、岩生花卉、沙漠花卉等。

二、切花、盆花、种苗生产概述

(一)切花生产概述

切花是将观赏植物的花朵、叶片或果实连同花梗、枝条剪下作为瓶插、盆插等室内布置,或制作花束、花篮以达到花卉装饰的目的,其所用的花卉统称为切花。一般可分为3类:观花类、观叶类和观果类。

1. 影响切花质量的因素

(1) 切花的种类和品种　不同种类、不同品种的切花，花色、花形、产量、抗性、生长周期、采后寿命差别都很大。如红掌的瓶插寿命可达20～41天，而非洲菊的瓶插寿命只有3～8天。

(2) 光照　在切花生产中，光照强度对植株的光合作用影响很大，其光合效率又直接影响切花植株中糖类的积累。

(3) 温度　栽培期间温度过高，会使花朵变小，缩短切花的货架寿命。

(4) 施肥　为了生产高质量的切花，应合理施肥，维持氮、磷、钾和其他营养元素的适宜数量和比例，不要过量施肥。过量施肥会缩短切花的采后寿命，增加病害感染机会。

(5) 灌水　土壤水分过多或不足，均会引起植株的生理病害，最终减少切花的瓶插寿命。

(6) 湿度　空气湿度太高会给细菌和真菌的发生和发展创造有利条件，致使切花染病。染病的切花失水多，产生较多的内源乙烯，能加快其衰老过程。

(7) 病虫害　在切花栽培中，应严格控制病虫害的发生，这对生产高品质的切花至关重要。

2. 切花周年生产技术要点　切花生产要达到周年供应，需要做好3方面的工作：一是要采用保护地栽培。一般采用温室或塑料大棚栽培，同时需配置必要的设备。要掌握该种类或品种花卉的生态习性，以满足其生长发育对环境的要求，解决调温、控湿、光照及防治病虫害等问题，顺利进行抑制和促成栽培而达到四季有花。二是要对土壤进行改良与消毒。鲜切花需要排水良好、土质疏松肥沃的土壤，一般所用的栽培基质有山泥、堆肥、腐殖土、河塘泥、火山灰土、珍珠岩和锯末等，并按不同切花种类的需求，配好不同比例成分的栽培基质。为了减少和减轻土壤病虫害及连作障碍，在种植前要进行土壤消毒。常见的消毒方法有管道蒸汽消毒

第二章　草本花卉工须具备的基础知识

法和化学药剂消毒法。三是为了达到切花周年均衡供应,要以当地自然条件为依据,选择自然花期不同的种类或品种做好栽植茬口的安排,如有必要可进行人为的花期调控,使植物提前或延迟开花。

3. 切花的切取和贮藏

(1) 采切时期　切花采切的时期特别重要。切取时间过早,花不能正常开放;切取时间过晚,花朵易凋萎。适时切取不但能使花朵正常开放,并能延长切花的瓶插寿命。各种类、品种花卉适宜采切的时期从蕾期到半开放期各不相同。

(2) 切取部位　切取部位的选择同样重要。对于球根花卉,若要保存母本以收获球根,切花时应尽量保留较多的叶片,以利于制造养分促使球根的长大成熟。但是对于一二年生和宿根草本花卉可不必过于考虑叶片保留数量,以尽量满足切花使用的需要即可。

(3) 运输与贮藏　切花从切取到使用,中间还有运输和贮藏阶段,在这一过程中要防止太阳暴晒和干风。到达目的地后,应将切花立即插入水中;对于已经萎蔫的切花,应先将其平摊到铺有凉席的阴凉处,对整支切花喷水,待其枝叶舒展后,再集中插入水中保养。对于需要久藏的切花,可将其扎成小束,在基部包上保湿物,放入冷库保藏,冷库温度一般保持在3℃~5℃,以4℃为最好,这样切花一般能贮藏1~2周。

(二) 盆花生产概述

1. 种类和品种的选择　盆栽草本花卉种类和品种的选择由生产设施和市场需求而定。此外,株型要优美,株高要适中,能与花盆相协调,并能适应多种场合的装饰应用。植株适应性要强,养护和管理较粗放。

2. 基质的选择　盆花的栽培基质有很多,常见的有普通土壤、泥炭、蛭石、珍珠岩、树皮、沙石、陶粒、炉渣和岩棉等。一般采用2种或2种以上的复合基质,按一定的比例混合,并要根据不同的植物生产要求进行配制。此外,基质在使用前必须进行消毒,以保证盆花的健壮生长。

3. 花盆的选择 花盆从材质上分为瓦盆、塑料盆、木盆、瓷盆、竹盆、水泥盆和玻璃盆等。选择花盆时,一定要充分考虑运输过程中花盆的损坏等因素,尽量选择既适应植物生长、适宜不同场合装饰,又物美价廉的花盆,以降低盆花的生产成本。

4. 盆花的栽培管理 ①盆花栽培的基本程序为选盆、上盆、换盆、转盆、倒盆5个步骤或过程。②盆花栽培的浇水原则是"干透浇透,干湿相间"。浇水量对于一二年生草本花卉一般要多浇,球根花卉要少浇;花卉休眠期间要少浇或停浇;从休眠转入生长期,浇水量要逐渐增加;花卉生长旺期要多浇,开花期前和结实期要少浇,盛花期适当多浇;浇水时间夏季以清晨和傍晚为宜。③施肥一般在晴天进行。施肥前要先松土,待盆土稍干后再进行。施肥后立即用水喷洒盆花叶面,以免残留肥液污染叶片,第二天务必浇1次水。生长旺盛时期多施,休眠期少施。根外追肥通常应在当天温度适宜的时候喷洒,不宜在低温或高温下进行。④整形与修剪是盆花养护管理中的一项重要的技术措施。盆花要定时整形修剪,以调整植株生长势,创造良好的株型,促进花芽分化,增加观赏效果,提高盆花的观赏价值和商品价值。

(三)种苗生产概述

1. 容器育苗 用特定的容器培育植物的幼苗或成苗的繁殖方法称为容器育苗。容器育苗是一种先进、实用的育苗技术,它可以缩短育苗周期,节省育苗用种和用地,移苗时不易伤根,能提高草本花卉的存活率。

(1)容器 塑料杯、纸杯、蜂窝状容器箱、穴盘(72穴盘、128穴盘、200穴盘、392穴盘)。

(2)基质　植物生长最理想的基质应含50%的固形物、25%的空气和25%的水分。容器育苗多用人工配制的基质,以求接近植物生长的理想状态。

(3)种子处理与播种　播种前种子要进行检查、消毒及相应的催芽处理。播种后要及时浇水。初期水要勤浇,保持杯内基质湿润,促成幼苗出土;随幼苗的生长,浇水量要逐步加大;在幼苗生长的后期,要控制浇水,进行蹲苗。

(4)容器苗的管理　为了减少水分蒸发,可用塑料薄膜等对容器苗进行覆盖。每个容器内选健壮的幼苗1~2株保留,其余的间除,最后保留1株。对缺苗的容器可结合间苗进行补苗。容器育苗的基肥是基质营养土,追肥可结合灌溉进行,前期一般以氮肥为主,后期一般以磷、钾肥为主。

2. 组织培养(简称组培)育苗　组培育苗是一种育苗新技术,是实现草本花卉种苗快速繁殖的重要手段。熟悉组培室的结构和仪器设备,掌握消毒灭菌方法及培养基的选择配制技术与程序,熟练掌握接种、培养、炼苗技术,是进行组培育苗的基本要求。

(1)植物组培室及其消毒灭菌设备　组培室由准备室、接种室、培养室3个部分组成。

①设备与器材:天平、酸度计、蒸馏水器、烘箱或玻璃仪器烘干器、电炉、药品柜、冰箱、水槽、晾干架、废物桶。

②无菌操作设备与器材:超净工作台、高压蒸汽灭菌锅、镊子、剪刀、解剖刀、酒精灯、双目实体显微镜。

③培养设备:空调机、定时器、温度控制器、增湿机或去湿机、培养架、摇床或旋转床、日光灯、光照培养箱。

(2)培养基的选择与配制　用于植物组织培养的培养基有几十种,但任何一种培养基均由以下几部分组成:无机盐(大量元素、微量元素)、有机化合物(蔗糖、维生素类、氨基酸、核酸及其水解化合物)、铁盐螯合剂、植物激素。在实际生产中,有时培养基的用量很大,需一批一批的连续配制。为简化配制过程、提高工作效率,需将各种所需药品先配制成高浓度溶液贮备起来,使用前将培养基放入高压灭菌锅内消毒。

(3)接种与培养　首先是培养材料的选择与表面灭菌、接种,然后是初代培养、继代培养及炼苗与移栽。

三、草本花卉设施栽培的设备与应用

(一)温　室

温室是覆盖着透光材料并带有防寒、加温设备的建筑物。温室是现代花卉生产中最重要、对环境因子调控最全面、应用最广泛的栽培设施。

1.根据温室透明屋面的形式划分　可分为4类温室:一是单屋面温室,适用于北方严寒地区。优点是光照充足,造价低廉;缺点是通风不良,室内光照不均匀。二是双屋面温室。优点是室内光照均匀;缺点是保温性较差。三是连栋式温室。优点是光照好且分布均匀,采暖集中;缺点是通风不好,保温性较差。四是不等面温室。优点是光照比双屋面强;缺点是保温效果没有双屋面好。

2.根据温室温度划分　可分为3类温室:一是高温温室。室温冬季一般保持在18℃~30℃,可栽培热带花卉,还可用于花卉的促成栽培。二是中温温室。室温冬季保持在12℃~18℃,适用于栽培亚热带花卉和对温度要求不高的温带花卉。三是低温温室。室温保持在5℃~15℃,适用于保护不耐寒花卉越冬,也可用于耐寒草花的生产。

3.根据温室用途划分　可分为3类温室:一是观赏性温室。多设置在公园、植物园、科技示范区或高校院内,主要目的是供展览观赏植物、普及科学知识或教学之用。二是生产性温室。其建筑形式要以适用生产需要和经济适用为原则,不注重外形。三是研究型温室。以教学研究为主要目的,但对温室各方面的条件要求较高。

4. 根据建筑用材划分 根据覆盖材料分类可分成玻璃温室和塑料温室;根据建筑材料分类又可分成砖土木结构和金属结构温室。

(二)大 棚

大棚又称塑料大棚,是指用塑料薄膜覆盖的建筑物。在北方多用于温室花卉的提前或延后栽培,在南方则可用于温室花卉的越冬栽培。大棚是现代化温室常用的配套设施。

(三)荫 棚

荫棚是夏季露地设置的棚架,主要用于对光照要求不强的花卉。这类半阴性植物不耐夏季温室内的高温,一般在夏季移出室外,在遮荫条件下培养。还可用于夏季的嫩枝叶扦插、播种,以及上盆或分株植物的缓苗。

(四)冷床与温床

冷床与温床是花卉栽培的常用设施。不加温只利用太阳辐射热的叫冷床;除利用太阳辐射热外,还需人为加温的叫温床。利用冷床、温床可在晚霜前 30~40 天播种,以提早花期;还可用于促成栽培,如秋季在露地播种育苗,冬季移入冷床或温床使之在冬季开花,或在温暖地区冬季播种,使之在早春开花;另外,也可用于半耐寒性盆花或二年生花卉的保护越冬。

(五)花卉生产机具

国外大型现代化花卉生产常用的农机具主要有播种机、球根种植机、收球机、球根清洗机、球根分检称重装置、上盆机、传送装置、切花去叶去茎机、切花分级机、切花包装机、盆花包装机、温室计算机控制系统、花卉冷藏运输车及花卉专用运输机等。

四、草本花卉的配置与应用

(一)花　坛

在具有一定几何轮廓的种植床中,以草本花卉为主要材料组成的花卉图案,叫做花坛。一般花坛用花必须选择那些花期整齐、观赏期长的花卉。例如一串红、鸡冠花、百日草、孔雀草、三色堇、矮牵牛等。

(二)花　境

花卉在园林道路两旁、建筑物前、绿篱前、树丛前的自然式的带状布置称为花境。花境是模仿自然界深山小径两旁的各种奇花异卉自然散布生长、错落有致、垂铺林缘的景观在园林中的应用。一般花境用花主要选择露地多年生花卉。另外,由于路旁多有高大乔、灌木遮蔽,应尽量选择比较耐阴的花卉。如萱草、玉簪、鸢尾、荷包牡丹、飞燕草、郁金香、水仙等。

(三)其他应用形式

除了花坛与花境外,草本花卉还可用于花台和篱垣棚架等其他花卉装饰。

第二章 草本花卉工须具备的基础知识

思考题

1. 草本花卉的定义是什么？根据不同划分方式有哪些分类方法？各举 3 个例子。
2. 草本切花生产的技术要点有哪些？
3. 草本盆花生产的技术要点有哪些？
4. 草本花卉种苗生产有哪 2 种主要方式？简述技术要点。
5. 花卉设施栽培的设施有哪几种？分别有何功能？
6. 草本花卉在园林配置中有哪些应用方式？

第三章 草本花卉的繁育与栽培管理

一、草本花卉繁殖方法

不同种类或品种的草本花卉,各有其适宜的繁殖方法和时期。根据不同花卉选择正确的繁殖方法,不仅可以提高繁殖系数,而且可以使幼苗生长健壮。花卉的繁殖方法一般分为有性繁殖、无性繁殖和孢子繁殖3大类。

(一)有性繁殖

有性繁殖也叫播种繁殖,即利用植物的种子繁殖植物的方法。大部分一二年生草花和部分多年生草花常采用种子繁殖。这些种类的花卉具有优良的性状,但需要每年制种。如一串红、百日草、三色堇、矮牵牛、金鱼草等。

1. 优质种子必备的条件 品种纯正,种子纯净,颗粒饱满,无病虫害感染。种子的品质包括遗传品质和播种品质2个方面。遗传品质是指种子的遗传基因优良与否,主要由品种特性决定。通常所讲的种子品质,主要指种子的播种品质,包括种子净度、千粒重、含水量、发芽率以及种子生活力等。

2. 种子的贮藏方法 种子贮藏方法可归纳为干藏与湿藏2大类。干藏法是在比较干燥的条件下进行贮藏。此法适用于种子含水量低且无生理休眠现象的种子。如绝大多数一二年生草花。干藏法又分为干燥贮藏法、干燥密闭法和干燥低温密闭法3种方法。湿藏法是在比较湿润的条件下进行种子贮藏。该法适用于种子含水量较高,或虽然种子本身的含水量不高,但具有生理休眠特性的种子。例如芍药。这时往往与催芽结合进行贮藏。湿藏法，一般是按照种:沙=1:3的体积比,将种子与湿沙搅拌均匀,放在室内或埋入地下,经常保持湿润。一般种类的植物,贮藏时间为2~3个月。另外,某些水生花卉的种子,如睡莲、王莲等的种子必须贮藏于水中才能保持其发芽力。

3. 播种前种子处理 播种前有些种子需要进行种子催芽,就是通过人为的方法打破种子休眠,或破伤较厚的种皮使之萌芽。目前比较广泛采用的方法有浸种、刻伤种皮和化学药剂处理等。

4. 播种 一年生草花在春季播种;二年生草花在秋季播种;多年生草花一般在春季播种,少数可在秋季播种,如芍药、萱草等。温室花卉的播种时间不限,因为温室花卉多为南方的常绿植物,一般没有明显的休眠期,同时温室的条件可以人为控制,因此四季均可以播种。播种方式有3种:散播、条播、点播。不论是露地播种还是温室盆播,出苗前管理的关键是温度和水分。温度可以选择合适的播种时间来解决,水分可以通过覆盖薄膜和及时喷水进行控制。

(二)无性繁殖

无性繁殖也叫营养繁殖,是利用植物的营养器官繁殖植物的方法。无性繁殖方法的特点是可以保持优良品种的遗传性状,还可提早开花结实。无性繁殖方法又分为扦插繁殖、分生繁殖和组织培养。

1. 扦插繁殖 切取植物的一段枝条、根或一片叶,插入基质中,培育其长成完整植株的过程叫扦插繁殖。扦插主要是枝插,另外还有根插、叶插、芽插等。枝条扦插后,成活与否的关键是能否及时产生足够的根系,还要考虑许多内外界因素的综合影响,例如植物种类、母体状况与采条部位、温度、湿度、光照、扦插基质。只有环境条件合适,才能真正扦插成活。

在草本花卉繁殖中以生长期的扦插为主。在温室条件下,植株可以全年保持生长状态,可以随时进行扦插,但依花卉种类的不同,各有其最适合的时期。一些宿根花卉的扦插,从春季发芽后至秋季生长停止前均可进行扦插。在露地苗床或冷床中进行扦插繁殖时,最适合在7~8月份的雨季期间。多年生花卉做一二年生栽培的种类,如一串红、金鱼草、三色堇等,为保持优良品种的性状,也可以进行扦插繁殖。

2. 分生繁殖 分生繁殖是多年生花卉的主要繁殖方法。其特点是简便、容易成活、成苗较快并且新植株能保持母株的遗传性状,但是繁殖系数低于播种繁殖。分生繁殖包括分株和分球2种。

从母株上分取带有根系的植株进行栽培,适合丛生性强、根蘖性强的多年生草花。如芍药、萱草、鸢尾、君子兰、一叶兰、鹤望兰等。分株繁殖的时间,一般在春、秋两季。方法是将整个母株脱盆或将露地花卉整株挖出,抖掉根上的泥土,自根颈处用手或用刀纵向劈开,分成若干小株丛。新株丛有的可以1株小苗为一丛,如君子兰、鹤望兰、萱草等;有的则可2~3株或3~5株小苗为一丛。然后对根系、枝叶进行适当的修剪,重新栽植即可。

分球繁殖就是利用球根花卉的地下部分进行分栽,可在秋、春两季进行。球根花卉的地下部分每年在母球基部或旁边产生若干小球,秋季或春季挖取小球重新进行栽植即可。

3. 组织培养 组织培养是在无菌的条件下,将离体的植物或植物体的一部分接种到培养基上,在人为控制的条件下进行培养,使其产生完整植株的过程。组织培养的主要步骤如下。

(1)培养材料的采集 植物的根、茎、叶、花、芽、枝叶、胚轴等都可以作为组织培养的材料。对于不同的植物种类,各器官培养的难易程度有差异。采集材料时,一般是用剪刀或刀片切取所需要的器官的幼嫩部分。

(2)培养材料的消毒　将培养材料用清水或蒸馏水冲洗干净后,切成小块,在70%酒精中浸泡0.5~1分钟,再在漂白粉饱和溶液中消毒10分钟,最后用无菌水冲洗3~4次。

(3)制备外植体　在无菌条件下,将植物器官切成小块,一般宽0.2~0.5厘米、长0.5~1厘米。

(4)接种　在无菌条件下,将外植体迅速放在三角瓶内的培养基上,然后迅速封好瓶口。

(5)培养　接种完毕,将放有外植体的三角瓶放在培养室或培养箱中,控制适宜的温度、湿度、光照进行培养,直至出芽或生根。

(6)转培　多数情况下,一次组织培养需要更换几次培养基才能完成,这就是转培,又称继代培养。需多次更换培养基是因为不同的培养基有不同的作用。

(7)生根苗移栽　当组培长出根、茎、叶并长到一定高度的时候应及时移栽。一般先移在无菌的基质(如蛭石、珍珠岩等)上,并在室内培养10~20天,使之对外界环境有所适应,然后移置室外,进行常规的栽培管理。

(三)孢子繁殖

蕨类植物是一群进化水平最高的孢子植物,它没有种子,只通过孢子进行有性繁殖。蕨类植物的繁殖方法比较简易,当孢子囊变褐、孢子即将散出时,给孢子叶套袋,连叶片一起剪下,在20℃温度下干燥,抖动叶子,帮助孢子从囊壳中散出,收集孢子。然后把孢子均匀散播在浅盆表面,盆内以2份泥炭藓和1份珍珠岩混合作为基质。也可用孢子叶直接在播种基质上抖动散播孢子。经常喷水保湿,一般需3~4周"发芽"并产生叶状体。此时进行第一次移植,用镊子钳出一小片叶状体,待其产生出具有初生叶和根的微小孢子植株时再次移植。

二、草本花卉工厂化育苗

草本花卉工厂化育苗是指在人为控制的环境条件下,运用规范化的技术措施,采用工厂化管理手段,实现育苗操作机械化、生产过程自动化、工艺流程程序化,进行批量优质种苗生产的一种先进育苗方式。工厂化育苗包括播种育苗工厂化和扦插育苗工厂化。工厂化播种育苗多应用于一二年生草花育苗,一般是季节性生产,在温室、塑料大棚等设施内,用点播机或播种线、育苗盘(穴盘)等进行批量生产;容器扦插育苗多用于菊花、非洲凤仙等多年生花卉的批量育苗。一般在设施内用制钵机、独立容器或大规格穴盘进行扦插繁殖。

(一)设施与设备

穴盘育苗是近几年发展起来的一种新的育苗方式,被广泛应用于草本花卉育苗。穴盘是一种有很多小孔的育苗盘,在小孔中盛装泥炭和蛭石等混合基质,然后在其中播种育苗,即1孔育1苗。根据植物种类的不同,可一次成苗或仅培育小苗供移苗用。

工厂化穴盘育苗需要播种车间、播种流水线、发芽室、控制室等设施设备,其中播种流水线是关键部位。播种流水线包括基质混合机、基质运输机、基质填充机、播种机、覆料机以及淋水机等。播种流水线中又以播种机最为重要。常用的播种机有全自动和半自动之分。全自动播种机,一切都按流水线操作,播种效率提高几十倍或几百倍,而且播种深度、压实程度、覆料的厚度一致性较好;半自动播种机必须人工操作,配合机器运转,可以节省50%甚至更高的劳动力。

为种子的发芽提供最合适的环境条件的密闭空间称为发芽室。发芽室内安装可自动控制种子发芽所需温度、湿度等的控制设备。发芽室的温度由自动调温器控制,湿度由喷雾系统来保持,光照由低压荧光灯来控制。发芽室的大小根据种苗生产的规模来配置。现代种苗生产中,温室环境、生产过程、发芽环境都是由各种仪器设备来控制的。所有这些仪器设备的控制都统一在控制室内进行调节和管理。

(二)播种和育苗

播种是种苗生产的第一步。从穴盘填装基质、播种、覆盖、镇压到浇水,整个播种过程可以是播种流水线操作,也可以人工操作其中的部分程序。

种子发芽除了种子本身的生活力外,还需要适宜的温度、湿度、光照和空气。已播种好的穴盘浇水后,可以直接放在苗床上发芽,也可以放在活动发芽架上推入发芽室发芽。发芽室的环境条件应根据不同品种的发芽特性进行调控。当胚根开始长出后必须3~4小时观察1次,在最佳时期移出发芽室,以免幼苗徒长。需要注意的是,发芽过程中应注意对光照的控制。根据种子萌发和光照的关系,可将种子分为中性种子、喜光种子和厌光种子。大多数种子为中性种子,即光照对种子萌发几乎无影响。对喜光种子,必须有光照才能正常发芽。秋海棠、非洲菊、洋桔梗、矮牵牛等为喜光种子,播种后可以少覆盖或不覆盖。而对厌光种子,如鸡冠花、仙客来的种子等,播种后必须覆盖,为种子萌发提供一个黑暗的环境。

在发芽室内发芽的种子,是在完全人工控制的发芽环境中萌发的,一旦移出发芽室进入温室,小苗对环境的变化十分敏感,生产管理要特别严格,尤其对刚移出发芽室至子叶完全展开的幼苗。第一片真叶长出这段过渡期的温度、湿度和光照的管理也比较严格。育苗用营养液依基质种类、育苗方式和植物种类等的不同有多种配方。

三、露地花卉的栽培管理

(一)整地做畦

整地的目的:改良土壤的物理性状,提高土壤肥力,满足种子发芽和植株生长所需要的水、肥、气、热等条件。

整地的时间:在北方一般春、秋两季都可进行,但以秋季整地效果最好。

整地的深度:一般以 30~35 厘米为宜。

整地的方法:可以机耕、畜力耕或人力耕。露地苗床有高床、低床之分。北方一般以低床为主,即床台低、畦埂高。苗床的规格:一般床面宽 1 米,畦埂宽 15~20 厘米,高 5~10 厘米。长度视具体情况而定,但一般不要超过 15~20 米,以便于管理。

(二)间苗移栽

1. 间苗 播种苗往往比较密集而且不均匀,因此必须进行间苗。第一次间苗在苗出齐时进行,一般按拟定的株行距,每撮留苗 2~3 株,其余拔掉。当幼苗长到 3~4 片真叶时进行第二次间苗。间除的小苗可以移栽别处。

2. 移栽 有时为了便于播种地管理、节约人力物力,因此采取集中播种的办法,播得较密,待小苗长到 3~4 片真叶时全部挖出,按株行距大小进行移栽。移栽最好选阴天或傍晚进行,栽后要浇透水。

(三)浇 水

浇水的时间应根据土地的水分状况而定。基本的原则是:土壤干透再浇,浇则一定浇透,不能浇半截水。具体浇水的时间,夏季以早、晚浇水较好,春、秋季一天任何时候都可以浇。

浇水量和浇水次数应根据不同季节和降水的情况灵活掌握。一般情况下,华北地区3月底至6月底为干旱季节,蒸发量大,苗子生长快,需水量多,应适当勤浇、多浇,一般1周或3~4天浇水1次;雨季虽然高温,但降水较多,不必浇水太勤;秋季苗子进入生长后期,需水量低,可适当少浇。

(四)施 肥

露地苗床施肥应以基肥为主,辅以追肥和根外施肥。

1. 基肥 一般选用厩肥、绿肥为好。在整地前撒在地面,通过整地翻入土层。施肥量一般每667平方米(1亩)地3 500~5 000千克。

2. 追肥 在苗木生长期进行,特别是旺盛生长期更应及时追肥。追肥的方法有沟施、穴施和随水浇灌。追肥的种类可以用人粪尿等有机肥,也可用速效性化肥如磷酸二氢钾、尿素等。施肥量应掌握少量多次的原则,避免施肥过多而烧苗,一般每667平方米每次5~8千克即可。春、夏季苗木生长旺盛时适当多施,但是氮肥应适当控制,而主要施磷、钾肥,以使植株健壮生长。

3. 根外追肥 在春季也可以进行根外追肥,即将速效性肥料如尿素或微量元素如硼肥等配制成水溶液,用喷雾器喷洒叶面。肥液浓度一般为0.3%~0.5%,最大不超过1%,每10~15天喷1次。应在傍晚喷施,以利于叶片吸收。喷施量以叶面不滴水为度。

(五)中耕除草

在苗木生长时期,根据土壤水分状况及杂草生长情况,及时进行中耕除草。最好是每次浇水后或降水后的2~3天或3~5天土壤处于半干半湿时进行1次中耕,既可疏松表土又可除掉杂草。中耕的深度一般以3~5厘米为宜。有条件的地方,也可用除草剂进行化学除草。

四、温室花卉的栽培管理

(一)温室花卉的一般管理

华北地区的温室花卉大多是原产于热带、亚热带或暖温带的植物,冬季在温室内越冬,夏季需在室外养护。一般是在每年的10月底陆续将容器苗搬进温室,第二年4月份再陆续搬出室外。进出温室的时间根据植物的耐寒性而定。较耐寒的种类可早出晚进,不太耐寒的则晚出早进,一些荫生或耐阴植物需在荫棚下养护。

冬季温室依靠暖气或暖风扇等加温设备给室内加温,根据植物种类分别放在不同温度的温室内。如果温室的温度太高,白天应打开天窗降温。温室的光照主要依靠自然光照,必要时加人工照明。温室的湿度一般要求较高,若湿度不够,可地面喷水增加湿度。

(二)栽培基质的准备

温室植物一般是栽植在容器中,供给其营养物质的基质有限。因此,要求盆土具有丰富的营养元素,同时具有充足的腐殖质以满足正常发育的需要,所以温室基质必须是人工配制的培养土。不同花卉所需的营养土不同,各种成分所占的比例不同。大致可以分为3类:一是黏重培养土:园土:腐叶土:沙 = 3:1:1;二是中度培养土:园土:腐叶土:沙 = 2:1:1;三是轻度培养土:园土:腐叶土:沙 = 1:3:1。

培养土配好后必须进行消毒灭菌,然后才能使用。消毒方法主要有:①锅炒消毒。将培养土放在大铁锅中,边炒边拌,时间为

第三章 草本花卉的繁育与栽培管理

1~2小时。②暴晒消毒。将培养土摊在水泥地面上暴晒10~15天或以上。③药剂消毒。当前多数用1%~2%福尔马林溶液喷洒,用量为每立方米培养土喷洒0.5升左右。喷后用薄膜覆盖3~5天,打开薄膜后10~15天,让甲醛挥发后即为可用的培养土。

(三)容器栽培

根据植株大小及培养目标,选择大小适宜的栽培容器。栽种前在容器底部垫些较粗的培养土和少许有机肥,然后填入培养土盖住肥料。将花苗放入容器中央,四周填土,稍稍墩实容器土。容器口留出2~3厘米高的浇水空间,再用喷壶喷透水。有时根据植物生长需要,需将植株从小容器换到大容器中,即换盆。换盆的方法与上盆大同小异,只是换盆时去掉部分泥土,有时也可原土栽植。

(四)浇 水

北方有的地方地下水的pH值较高,城市自来水含有氯气和氯化钙,对花卉都不适宜。因此,有条件的地方,最好用深井的地下水。若可用水只有自来水,则须把水放在贮水池中数月,使氯气挥发后再用。所用的水必须先放在水缸和水池中贮存,使之接近气温,避免水温与气温或容器内的土壤温度相差悬殊,对苗木造成伤害。原则上讲,浇水的时间以早晨和傍晚最好。但有时受到人力等条件限制,也可在上午和下午浇水。盛夏应尽量避免中午前后浇水。浇水量应根据不同的季节、天气、植物种类及盆土的水分状况灵活掌握。就大多数植物来讲,应掌握见干见湿的原则,即不干不浇,浇则浇透。春季,北方地区干旱少雨、蒸发量大,应适当勤浇,一般应每天或隔天浇水1次。夏季,雨水多,故不必天天浇,但有时连续几天干热无雨,则应及时浇水,有时甚至每天浇水2次,同时对盆花周围场地及叶面进行喷水降温。浇水的方式很多,主要有浇水、喷水、找水、勒水、扣水等。

(五)施 肥

温室内的花卉一般都是用容器栽培的,容器栽培与露地栽培的植物不同,容器内土壤体积有限,所以施肥稍有不慎,就会造成肥害,因此施肥时要特别慎重。容器花卉施肥时应注意以下问题:应根据花卉的不同种类、观赏目的、不同的生长发育时期灵活掌握;应多种肥料配合施用,避免发生缺素症;有机肥应充分腐熟,以免放热和有害气体伤苗;肥料浓度不能太高,以少量多次为原则;基肥与培养土的比例不要超过1:4,有机肥浓度控制在5%以下,化肥浓度控制在0.5%以下,过磷酸钙可达1%;所用肥料的酸碱度要适合花卉的要求。

五、草本花卉无土栽培

无土栽培是指不用天然土壤,而用营养液或固体基质加营养液栽培作物的方法。固体基质或营养液代替天然土壤向作物提供良好的水、肥、气、热等根际环境条件,使作物完成从苗期开始的整个生命周期。花卉无土栽培是在土壤栽培的基础上发展起来的。它的优点有:提高产量,促进品质优化;不受栽培地点限制,规模可大可小;节省肥水,提高效率;清洁卫生,无杂草,无病虫害,不受土质限制;栽培过程的可控性强,有利于栽培技术的现代化。其缺点是:投资大,运行成本高;风险性大;技术要求严格。

(一)无土栽培基质

不同植物根系要求的最佳环境不同,不同的基质所能提供的水、气、养分比例不同。因此,可根据植物根系的生理要求,选择合适的基质或配制混合基质。常用的基质有沙、石砾、蛭石、珍珠岩、岩棉、砻糠灰、泥炭、泡沫塑料颗粒、木屑锯末等。基质在使用前要进行消毒,常用的消毒方法有3种:蒸汽消毒、化学药品消毒、太阳能消毒。

各种基质既可单独使用,亦可按不同比例混合使用。但就栽培效果而言,混合基质优于单一基质,有机基质与无机基质混合优于纯有机或纯无机混合的基质。基质混合总的要求是降低基质的密度,增加孔隙度,增加水分和空气的含量。基质的混合以 2~3 种混合为宜。以下是常见的一些复合基质配方:一是泥炭:珍珠岩:沙 = 1:1:1;二是泥炭:蛭石:珍珠岩 = 2:1:1;三是泥炭:珍珠岩 = 1:1;四是泥炭:沙 = 1:3;五是泥炭:蛭石 = 1:1。

(二)无土栽培的装置

无土栽培所需的装置包括栽培容器、贮液容器、营养液输排管道和循环系统。

(三)无土栽培的方法

无土栽培的方法有很多,分类也不统一,多按基质分类。常见的有水培和基质培。

(四)无土栽培的步骤

1. 移栽 无土育苗除组培苗外,尽量不要移栽或少移栽,以免伤根。花卉根系的主要功能是固定、吸收、合成化合物和感应环境。因此,应控制根系不过分生长,使更多的物质集中于生长地上部分。花苗在移栽时选择小一些的盆钵,浇足够的营养液,以便控制根系生长。用营养钵技术栽培花卉时,将花苗移栽在 5~8 厘米见方的岩棉块中,将岩棉块放在营养钵内,营养液流动用 25 瓦的水泵。营养钵用内黑外白的阴阳塑料膜,可以防止藻类滋生。

小苗种植后,缓苗过程中温度要适宜。这与植物种类有关。

喜温植物如花叶芋、花叶万年青等,以25℃左右为宜;喜冷凉的植物如文竹、菊花等以18℃~20℃为宜。温度过高,小苗蒸腾加强,根系吸收不到足够的水分,易造成水分亏缺,小苗萎蔫,不易成活。如有条件,可以使基质温度略高于气温2℃~3℃,促进生根和根系生长,有利于小苗生长。

2. 管理 草本花卉的管理是根据各种花卉的生物学特性和观赏的要求,创造花卉生长和造型条件。

冬季室内养护的花卉,不论是耐阴还是半耐阴的植物都需要有良好的光照条件,不需要遮挡阳光,在光照不足的地方还应该辅以人工光照。夏季在室内养护的花卉,如果阳光直射在植株上,常常发生烧灼现象,出现干枯的叶斑。因此,需要遮挡阳光。室内养护的花卉最好照射自然光。营养生长的花卉虽然对光照时间没有明显的反应,但光照的积累会影响其生活节律。在自然光照下的花卉,不宜常改变其摆放位置和方向;室内光照的植物不宜常改变光照时间。

温度是花卉生理生化反应的条件,不仅影响生化反应的速度而且影响其方向。春、秋两季的室温应高于冬季,要严格防止夜间的温度超过白天的温度,以及温度的突然升降。

冬季室内花卉比较集中,一般不增加湿度也能满足花卉生长发育的需要,而在春、夏、秋季,特别是北方天气比较干燥,应采取措施增加空气湿度。根际湿度一般要求80%以上,同时不应造成水淹。用营养钵技术生产花卉,不存在这个问题;而用基质栽培花卉,特别需要根据植物根系状况选择保水、保肥、透气的基质。

无土栽培花卉需要按需供肥。一般来讲,白天光合作用强的时候植株需要的养分量也高,而夜间的需要量相对少一些。磷在花卉光合作用中的活动及转移很频繁;氮在季节转变时的转移很明显;而钾在参与物质运输,包括水分、无机物、有机物运输中,转移相当迅速。通常只要营养液各种离子之间的比例合适,不论是营养钵技术还是基质栽培,营养液浓度高一些总比营养不足使植物饥饿要好。因此,一次性投入营养液和基质的养分量可以多一些,植株本身可以按需吸收。

思 考 题

1. 简述草本花卉繁殖方法和特点。
2. 简述草本花卉工厂化育苗方法。
3. 概述露地草本花卉栽培管理的技术要点。
4. 概述温室草本花卉栽培管理的技术要点。
5. 概述草本花卉无土栽培的技术要点。

第四章 一二年生草本花卉

一、温室一二年生草本花卉

(一)瓜叶菊

别名千日莲、瓜叶莲、千里光。菊科,千里光属。

【外观形态】 株高30~60厘米,矮生品种25厘米左右。全株密生柔毛。叶大,心状卵形至心状三角形,叶缘波状或具多角齿,形似葫芦科的瓜类叶片,故名瓜叶菊;有时叶背面带紫红色,叶表深绿色;叶柄较长。花为头状花序,簇生成伞房状;花有蓝、紫、红、粉、白等各种颜色,为异花授粉植物。

【生态习性】 喜冬季温暖、夏季无酷暑的气候条件,忌干燥的空气和烈日暴晒,还要有良好的光照。要求疏松、肥沃、排水良好的中性或微酸性沙质壤土,忌干旱,怕积水。喜阳光充足和通风良好的环境,但忌烈日直射。花期为12月份至翌年4月份,盛花期3~4月份。

【繁殖方法】 多用播种繁殖,也可扦插或分株繁殖。

(1)播种法 播种期根据开花期来决定。一般从播种到开花需6~7个月,于8月下旬或9月份播种,开花期正好在1~5月份。瓜叶菊种子细小,每克可达5 300多粒,所以盆土要求细软疏松,按照腐叶土2份、砻糠灰2份和园土1份并加入少量磷酸二氢钾混合作播种用土,种子均匀撒于土表,上覆薄土,用浸盆法浸水,至土面全部湿润即可。盆面盖以玻璃,以保持湿度。置阴处,每天换气,温度最好保持在20℃左右,5~10天发芽,苗出齐后,揭开玻璃,并逐步移至阳光处,2~3片真叶时可移植。苗期必须通风透光,否则极易发生猝倒病和白粉病。

(2)扦插或分株繁殖　重瓣品种不易结实,可用扦插繁殖。1~6月份,剪取根部萌芽或花后的腋芽作插穗,插于沙中,20~30天可生根,培育5~6个月即可开花。亦可用根部嫩芽分株繁殖。

(3)采种　在3月下旬选花色艳丽、生长健壮的优良植株留作母株,待4月上旬开花结籽时,将多余的花蕾摘除,并摘除衰老的非功能叶。加强肥水管理,中午日光强烈时适当遮阳,促使营养物质大量输入种子。种子成熟后选晴天采种,随熟随采,将种子置种子袋内,放阴凉干燥处贮藏。

【栽培管理】

(1)适当浇水　瓜叶菊叶片大而薄,需保持充足水分,但又不能使盆土过湿,以维持叶片不凋萎为适宜。平时浇水要根据盆土干湿情况而定,干后再浇,一般2~3天浇1次,每天可用清水向叶面喷水1次。炎热的天气可每天喷水2次,以降低气温,增加空气湿度。花蕾出现后,应尽量控制浇水。开花期应将盆置于8℃~12℃的凉爽环境中,可使花期延续到30~40天。

(2)合理施肥　瓜叶菊除定植时施基肥外,生长过程中应每隔7~10天追施1次稀薄饼肥或稀释后的化肥。花蕾出现后可增施1~2次加1 000倍水的磷酸二氢钾溶液,施肥一直持续到开花(雨季停施)。施肥时如污染了叶片应及时冲洗。

(3)通风透光　瓜叶菊喜阳光和凉爽通风的环境,但忌强阳光直射。因此,随着植株的生长须及时调整盆间的距离。平时可放在向阳处养护,但夏季应放在半阴处,避免阳光直晒。实践证明,在向阳处生长的瓜叶菊叶厚色深,花色鲜艳;若光照不足,易引起徒长,影响开花;在强烈的直射光下,叶片会卷曲、干燥、缺乏生气。此外,瓜叶菊趋光性较强,如植株长时间一面朝阳,植株就容易长偏,影响观赏效果。为此,生长期每7~10天应转动花盆1次,使背阴的一面转到向阳面,这样可保持株型匀称。

【病虫害防治】

(1)瓜叶菊白粉病　瓜叶菊在幼苗期和开花期如室温高、空气湿度大,叶片上最容易发生白粉病,严重时可侵染叶柄、嫩枝、花蕾等。初发时,叶片出现零星的、不明显的白斑,发展后整个叶片布满灰白色粉状霉层。植株受害后,叶片、嫩梢扭曲萎蔫,生长衰弱,有的完全不能开花。发病严重时,导致叶枯,甚至整株死亡。

防治方法:①室内经常保持良好的通风条件,增加光照;②控制浇水,适当降低空气湿度;③发病后立即摘除病叶,并及时喷洒50%多菌灵1000倍液,或甲基托布津800~1000倍液防止蔓延。

(2)瓜叶菊黄萎病　此病主要由病毒所引起。被害植株分蘖性很强,花序变形,花色变绿,发育不正常,偶尔亦有花徒长现象。病毒一般由叶蝉传播。

防治方法:①生长期间可适当增施钾肥,以增强植株抗病力,减少病毒侵染的机会;②喷洒0.5%高锰酸钾水溶液进行消毒,可起预防作用;③发现植株染病,应立即拔除病株并烧毁,防止蔓延。

(3)蚜虫　瓜叶菊生长期若通风不良,容易发生蚜虫为害。虫害严重时喷10%灭多威可溶性粉剂1000倍液进行防治。

【应用及配置】　瓜叶菊花期长,开花时适逢元旦、春节、五一等重大节日,可用于居室、客厅、会议室的布置。

(二)彩叶草

别名老来少、五色草、锦紫苏、洋紫苏。唇形科,鞘蕊花属。

【外观形态】　株高50~80厘米,栽培苗的高度多控制在30厘米以下。全株有毛,茎为四棱,基部木质化。单叶对生,卵圆形,先端长、渐尖,缘具钝齿牙,叶长可达15厘米,叶面绿色,有淡黄色、桃红色、朱红色、紫色等色彩鲜艳的斑纹。顶生总状花序,花小,浅蓝色或浅紫色。小坚果平滑有光泽。

【生态习性】 彩叶草性喜温暖、湿润的气候条件,不耐寒,喜光,但又能耐半阴。要求栽于疏松肥沃、排水良好的土壤上。

【繁殖方法】 彩叶草多采用穴盘育苗法繁殖。根据繁殖的材料,可分为穴盘播种育苗法和穴盘扦插育苗法2种。

(1)穴盘播种育苗法

①种子:宜选用籽粒饱满、高活力、高发芽率的种子。在播种前需进行消毒处理,将种子放入50℃~60℃温水中,搅拌20~30分钟。在水中浸泡一段时间,漂去瘪粒,再用清水冲洗干净,滤去水分,风干待用。也可用40%福尔马林溶液、0.5%高锰酸钾溶液或0.3%~1%硫酸铜溶液浸泡,冲洗、风干后即可使用。

②基质:对基质的基本要求是无菌、无虫卵、无杂物及杂草种子,有良好的保水性和透气性。可选用草炭土、椰糠、珍珠岩、蛭石等作基质。常用基质为泥炭土与蛭石,将其按2∶1的比例混合,过筛使用。育苗基质在播种前最好用多菌灵或百菌清600~1 000倍液消毒1次。需要注意的是,播种基质中绝不能掺入无机肥,否则会导致不出苗或出苗后死亡。

③穴盘:穴盘有288目、200目、128目、50目等多种规格,因彩叶草的种子重量为每克3 300粒,种子较小,故常用288目或200目穴盘。对于使用过的穴盘再次使用时,必须先进行清洗、消毒,干燥后方可使用。穴盘消毒常用多菌灵600倍液、杀灭尔800~1 000倍液等杀菌剂洗刷或喷洒,然后用清水冲洗2~3次。

④播种:先在穴孔中填入基质,尽量使每个穴孔填装均匀,并轻轻镇压,使基质中间略低于四周。基质不可填装过满,应略低于穴孔的高度,使每个穴孔的轮廓清晰可见。播种前一天应淋湿基质,达到刚好浇透的程度,即穴孔底部有水渗出。淋湿时采用自动间歇喷水或手工多遍喷水的方式,让水分缓慢渗透基质。然后将

种子仔细点入穴孔,每穴 1 粒,种子必须落在穴孔的正中。种子具喜光性,播后不需盖土。室外播种常在 3~4 月份进行,温室播种则多在春、夏、秋三季进行。

⑤浇水:播后及时喷淋水,直至穴盘底部有水渗出。播种初期土壤湿度可大些,以保证种子吸水膨胀的需要;后期水分不宜过多,土壤湿润即可。

⑥催芽:穴盘移入温室催芽后,温室要适当遮荫,并使室内保持高温高湿状态。在 21℃~24℃的条件下 10~14 天发芽,幼芽露头时即可移出温室。

⑦移植:小苗长至 2~4 叶期时,就需移植 1 次。移植时将小苗连根掘起,移植到浅盆中,其密度以叶片相互不接触为度。小苗长至 6~8 片叶时,再移植到口径 10 厘米的小盆中,并保留 2~4 片叶摘心。到 7 月份苗较大时,再换 1 次盆,盆底应加入少量豆饼作基肥。

(2) 穴盘扦插育苗法

①插穗:应选择无病虫害、成熟适中、生命力旺盛的嫩枝,在叶芽上方 0.5~1 厘米处,切口向芽倾斜,用锋利刀(剪)切取含 2 个或 2 个以上腋芽、5~7 厘米长的一段枝条作为插穗。

②穴盘:可选用长 54 厘米、宽 28 厘米、高 5 厘米和孔径 3 厘米或 2 厘米、深 5 厘米的穴盘。

③基质:选择疏松透气的基质,如草炭与珍珠岩(3:1)、腐叶土与锯末(1:1)或草炭与园土(1:1)。

④扦插:温室的穴盘扦插可在 3~10 月份进行,露地多在 4~9 月份进行。扦插的密度以叶片互不覆盖、不影响光合作用为宜。扦插深度为 2 厘米,不宜过深,以免影响生根。插完后将穴盘置于遮光率为 70%的遮阳网下、气温 25℃~32℃且有微风的小环境中。

⑤浇水:扦插后根据天气情况确定浇水的时间和次数。晴天

每隔 2 小时向基质表面喷水 1 次,阴天或雨天少喷或不喷,使空气相对湿度保持在 90%左右,注意基质不能出现积水现象。扦插后 10 天左右长出新根,逐渐减少喷雾次数,半月后移植或定植,进入正常管理。

【栽培管理】

(1)水分管理　彩叶草叶大而薄,土壤过干则叶易褪色,因此在生长期间要注意浇水和叶面喷水,尤其在夏季高温期宜将浇水和叶面喷水相结合,以提高空气湿度。但不能使盆土过湿,否则植株易徒长,导致茎节过长,影响株型。长期的积水还易使根系腐烂、叶片脱落。冬季则应控制浇水,温度维持在 15℃,保证干湿相宜。

(2)施肥管理　彩叶草喜肥,每次摘心后都要施 1 次饼肥水或人粪尿。生长期施 1~2 次稀薄的磷、钾肥,可促使节间短、枝密、茎硬、叶面色泽鲜亮。切忌施入过量的氮肥,否则易导致叶色暗淡。

(3)光照管理　彩叶草为喜光植物,在全日照下叶色更鲜艳,所以一般不遮荫。但在夏季高温时应避免阳光直射,高温强光会使色素遭到破坏,引起叶绿素增加,导致植株色彩不鲜明,甚至偏绿,影响观赏。因此夏季高温时应适当遮荫,而其他季节则不需遮荫,因光线暗淡会使叶色灰暗。

(4)温度管理　彩叶草耐寒性不强,生长适温为 20℃~25℃。冬季生长迟缓,越冬温度要求在 15℃以上,低于 10℃则叶片变黄脱落,生长停止。如冬季的温度长期低于 5℃,则地上茎叶会呈水渍状,严重时植株会枯死。

(5)修剪整形　若要培养出株型丰满的植株,则应摘心,以促进侧枝生长。若要培养成树状株型,则不必摘心。花序出现后,若不采种则应及时摘除,以免消耗营养,影响株型。对于留种母株,要减少摘心次数,让其在入冬前完成开花结实过程。

【病虫害防治】 幼苗期易发生猝倒病、立枯病,生长期易发生灰霉病。室内栽培时还易受到介壳虫、红蜘蛛和白粉虱等为害。

(1)猝倒病 种子萌芽后至幼苗出土前受害。该病可造成烂种、烂芽;幼苗茎基部呈水渍状黄色病斑,后为黄褐色,缢缩呈线状,倒伏;湿度大时在病部及周围的土面长出一层白色如棉絮状菌丝体。

防治方法:加强栽培基质的消毒;发病初期及时喷 50% 多菌灵可湿性粉剂 500 倍液,每隔 5~7 天喷 1 次,连喷或交替喷 2~3 次。

(2)立枯病 自幼苗期至定植均可受害。病株茎基部产生暗褐色病斑,逐渐凹陷,病部缢缩,当病部扩展至绕茎一周时,植株直立状枯死,一般不倒伏。

防治方法:避免高温高湿;加强栽培基质消毒;发病初期喷洒 50% 立枯净可湿性粉剂 900 倍液,2~3 升/每平方米。

(3)灰霉病 近地面的茎叶呈水渍状,变褐腐败,并向上扩展,病部出现灰黄色霉层,严重时茎叶枯死。

防治方法:保持株间的良好通风透气性;发病初期喷洒 50% 多菌灵可湿性粉剂 800 倍液等。

(4)虫害 室内栽培,尤其是温室栽培时易受到介壳虫、红蜘蛛和白粉虱等害虫为害。

防治方法:可用 10% 灭多威可溶性粉剂 1 000 倍液或 25% 扑虱灵可湿性粉剂 2 000 倍液防治;在生产过程中也可采用地膜全覆盖和挂防虫板等措施减少病虫害的发生。

【应用及配置】 彩叶草色彩鲜艳、品种甚多、繁殖容易,为应用广泛的观叶草本花卉,除可作为小型盆栽观叶花卉陈设外,还可配置花坛、花境,也可作为花篮、花束的配叶使用。

第四章 一二年生草本花卉

(三)蒲包花

别名荷包花。玄参科,蒲包花属。

【外观形态】 株高20～30厘米,茎叶有毛。叶对生,卵形或卵状椭圆形。花冠具二唇,形似两个囊包,上唇小、前伸,下唇向下弯曲、膨胀似荷包,花柱位于上下唇之间,雄蕊2枚。蒴果。花期在春节前后。

【生态习性】 蒲包花原产南美各国。性喜冬季温暖、夏季凉爽、并且通风良好的环境,既怕高温炎热又不耐严寒,生长适温为13℃～25℃,最低温要求在5℃以上。喜欢富含腐殖质的沙质壤土,以中性或微酸性为宜,要求土壤湿润但不积水,需要较高的空气湿度。蒲包花属长日照花卉,要求光照充足,但忌夏季阳光直射。

【繁殖方法】 多采用播种法繁殖,也可用扦插法和组培法。播种法:在8月下旬至9月上旬天气凉爽时进行。如播种过早则因气温太高,幼苗易感病腐烂;播种太晚则植株生长矮小。播种土采用草炭土与细沙按1:2的比例混合。因种子细小,易撒播,播后可不覆土或覆极薄的一层细沙。播种容器放置于半阴处,发芽适温15℃～21℃,1周左右可出苗。出苗后放在通风处并逐渐见光,否则极易发生猝倒病。幼苗长到2片真叶时分苗。组培时多用茎尖作外植体,诱导及分化的培养基为MS+BA 2毫克/升+NAA 0.02毫克/升,生根培养基为1/2 MS+ABT 1.5毫克/升。

【栽培管理】 幼苗长出2片真叶时可以上到128目穴盘中,待长到8～10片叶时再移入口径15厘米的盆中定植。盆土宜选用腐殖质丰富的肥沃土壤,可适当加入基肥。定植盆中以后每1～2周施肥1次,可以浇施稀薄的饼肥水,也可以穿插施用复合化肥。开花前要注意增施1次过磷酸钙,以0.5%～1%为宜。注意室内通风,基质不能过湿,否则容易引起植株底部叶片腐烂。温度维持在13℃~15℃生长良好,并应该遮去中午前后的强光。冬季宜在低温温室内培养,温度不宜过高。基质干湿周期要短,过干过湿皆不利于生长。蒲包花的叶面有绒毛,因此浇水、施肥时切勿将肥水沾在叶面上,以免引起腐烂,更不能向花上喷水。另外要经常向地面喷水,以增加空气湿度。花后种子逐渐成熟,要得到较好的种子,必须进行人工授粉,在种子成熟过程中适当遮光,加强通风并注意浇水,以免萎蔫影响结实。5~6月份种子成熟后要即时采收,否则蒴果开裂,种子散失。蒲包花为长日照植物,如果需要可以通过增加光照使之提前开花。如在11月中旬开始每天增加光照3~4小时,即可在12月下旬开花。为了延长花期,可以将温度维持在8℃左右。

【病虫害防治】 高温多湿条件下,易引起蒲包花根、叶腐烂等病害,生长期必须注意通风和遮荫。虫害有蚜虫和红蜘蛛等为害花枝和叶片,可用40%乐果乳油1 500倍液喷洒防治。

【应用及配置】 蒲包花株型低矮,花色艳丽,花形奇特,且花期长,惹人喜爱。是春季优美的室内盆花,可布置于客厅、居室和书房等处。

(四)四季报春花

别名四季樱草、球头樱草、仙鹤莲。报春花科,报春花属。

【外观形态】 叶基生,全株被白色绒毛。叶椭圆形至长椭圆形,叶面光滑,叶缘有浅波状裂或缺刻,叶背被白色腺毛。花葶由根部抽出,高约30厘米,顶生伞形花序,高出叶面。花多为6瓣,几朵至几十朵簇拥开放,呈现花团锦簇之势。花期冬、春两季。花的颜色有深红、纯白、碧蓝、紫红、浅黄等色;红色、蓝色、白色花有黄芯,还有紫花白芯、黄花红芯等,可谓五彩缤纷,鲜艳夺目。多数品种的花还具有香气。蒴果球状,种子细小、褐色,果实成熟时开裂弹出。

【生态习性】 喜温暖湿润、通风良好的环境,不耐炎热,适宜的生长温度为10℃~25℃。要求疏松的钙质和铁质土壤,喜酸性土壤。

【繁殖方法】 多采用播种繁殖,春、秋均可进行。四季报春花的种子容易丧失发芽力,所以应及时采收及时播种。一般在8~9月份气温适中、发芽率高时播种为好。苗床土壤最好先过一下筛,浇透水,使水完全渗透,再将种子拌上细沙均匀撒播土上。因种子细小,覆土要非常薄。然后盆上盖玻璃保温保湿,当温度为15℃时,约1周可发芽。小苗长出2~3片真叶时,可移植1次。幼苗长出5~6片真叶时,可分盆定植,进入正常养护管理。

四季报春花中一些重瓣品种往往不易得到种子,只能用扦插或分株法进行繁殖。扦插宜在5~6月份进行,分株法于秋季进行。

【栽培管理】 四季报春花原产我国云南大理,喜温暖湿润气候,春季以15℃为宜,夏季怕高温、须遮荫,冬季室温以7℃~10℃为好,须置向阳处。适宜栽种于肥沃疏松、富含腐殖质、排水良好的沙质酸性土壤中。生长期每隔15天施1次液肥。植株长大后要换1~2次盆。早春开花后要剪去花茎,不让其结籽,过10~20天后再加强水肥管理,可再次开花,连续开花。

冬季应及早搬入室内越冬,10月中旬就可移入室内养护;翌年开春宜迟出室,可于5月份再移至室外生长。

【病虫害防治】 常见病害就是灰霉病,主要侵害叶片、嫩茎和花器等部位。发病初期叶尖和叶缘出现水渍状斑点,逐渐发展为黑褐色腐烂,后期表面形成一层灰褐色霉层。茎部感病后出现褐色不规则病斑,后发展为软腐;花器受害后首先变褐,随后腐烂脱落。潮湿的条件下形成灰褐色霉层是该病的一大特征。该病由灰葡萄孢菌引起,病菌在土壤里越冬,主要借水滴喷溅传播。

防治方法:①加强栽培管理,促进幼苗生长健壮,增强抗病力;温室应保持通风,降低湿度。②及时清除病叶、病株,发病土壤要消毒或更新。③发病后要及时用药防治,避免病情扩大。药剂可选用50%代森锌700~800倍液,70%甲基托布津1 000倍液。或用多菌灵1份加入草木灰50份,混匀后撒于盆土表面。

【应用及配置】 四季报春花株态优雅,艳丽多彩,花期很长,适宜盆栽布置客厅、居室和书房,少数种可作切花用。

(五)四季秋海棠

别名四季海棠、瓜子海棠。秋海棠科,秋海棠属。

【外观形态】 株高15~30厘米。茎直立,光滑无毛,基部多分枝。叶卵形或宽卵形,长5~8厘米,基部偏斜,有锯齿和纤毛,两面光滑,主脉红色。托叶大,膜质。花数朵聚生在腋生的总花梗上,有白色、粉红、大红等颜色,花期4~12月份。朔果有红翅3枚,种子细微、褐色。

【生态习性】 喜温暖,不耐寒,生长适温10℃~30℃,低于10℃生长缓慢。在适宜的温度下,可四季开花,花期长。温度太高时生长不佳,会引起叶片的灼伤、焦枯。适宜空气湿度较大、土壤湿润的环境,不耐干燥,亦忌积水。喜光线充足通风良好的生长环境。

【繁殖方法】 可用播种法和扦插法繁殖。

(1)播种法 播种一般在早春或秋季气温不太高时进行。由于种子细小,播种工作要求细致。播种前先将盆土高温消毒,然后将种子均匀撒入、压平,再将盆坐入水中,由盆底透水将盆土泅湿。在20℃温度下7~10天发芽。待幼苗出现2片真叶时及时间苗,4片真叶时移植定植在口径6厘米的盆内。春季播种的当年冬季开花,秋季播种的翌年3~4月份开花。

(2)扦插法 此法最适宜重瓣优良品种的繁殖,可四季进行,但以春、秋两季为最好。因为夏季高温多湿,插穗容易腐烂,成活率低。插穗宜选择基部生长健壮枝的顶端嫩枝,长8~10厘米。

扦插时,将下部叶片摘去,插于清洁的沙盆中,保持湿润,并注意遮荫,15~20天生根。生根后早晚可让其接受阳光,根长达2~3厘米长时,即可上盆培养。也可剪取8~10厘米长的嫩枝,将基部浸在洁净的清水中生根,发根后再栽植在盆中养护。

【栽培管理】 盆栽宜在春、秋季上盆培养,随着植株的生长,在出现5~6片真叶时摘心,以便促进分枝。四季秋海棠根系发达,生长旺盛,生长期需水量较多,在半阴、温暖、空气相对湿度50%以上的环境中生长最佳。因此,栽培养护的要点是:既要保持较高的空气湿度,又不能让盆土过湿。可经常向叶面及花盆周围喷雾,浇水以盆土见干见湿为度,否则会引起烂根,甚至整株死亡。

平时可将花盆放在阳台或庭院的半阴处养护,不可让强光直射。盛夏高温时节,植株处于休眠状态,要控制浇水,并将其放置在通风良好的阴凉处。上盆栽植15天后可施1次腐熟的肥水,以后生长期每隔20~30天施1次清淡的肥水,进入初花期后就应减少氮肥而增施磷、钾肥。花后除留种株外,应打顶摘心,控制株型,促进分枝。同时要浇水,待发新枝后再追肥。冬季移入室内须放置在有充足阳光处越冬,最低温度不低于10℃。

【病虫害防治】 常见的病害有白粉病、细菌性立枯病。虫害有蚜虫、粉介壳、红蜘蛛,夏、秋季容易遭受金龟子幼虫为害等。

防治方法:高温高湿有利于病菌繁殖,故栽培时应避免密植,以利通风。温室种植时,若遇到昼夜温差大的季节,应避免在傍晚浇水,以免夜温下降,造成湿度过高,甚至水气凝结。及时移出或除去受感染的植株和叶片,浇水时应避免弄湿叶片。

【应用及配置】 四季秋海棠适应性广、花期长、观赏性佳,而且与其他花卉配置效果好,适宜配置花坛和盆栽观赏。

二、露地一二年生草本花卉

(一) 一串红

别名爆仗红。唇形科,鼠尾草属。

【外观形态】 株高可达90厘米,有的矮生种株高仅有20~30厘米。茎四棱、光滑,茎节常为紫红色,茎基部多木质化。叶对生,有长柄,叶片卵形或三角状卵形,先端渐尖,缘有锯齿。花深红色,2~6朵轮生,密集成顶生总状花序,被红色柔毛;苞片卵形,深红色,早落;萼钟状,2唇,宿存,与花冠同色;花冠唇形,有长筒伸出萼外。小坚果卵形,内有黑色种子,容易脱落。花期7~10月份,果熟期8~10月份。

【生态习性】 性不耐寒,多用于一年生栽培。喜阳光充足,但也能耐半阴。忌霜害。最适生长温度为20℃~25℃,在15℃以下生长缓慢、叶黄至脱落,30℃以上则花、叶变小。长日照有利于一串红营养生长,短日照有利于生殖生长。秧苗需水较多,忌干旱,缺水时叶片容易萎蔫,严重时叶片易脱落;但又怕涝,水大时叶片也容易脱落,积水1天就能涝死。喜疏松肥沃床土,忌用重茬田土作育苗床土。

【繁殖方法】 用播种或扦插繁殖。

(1) 播种繁殖 提早栽培可于12月至翌年3月在温室内早播早开花,通常于春季3月下旬至5月上旬播种于露地苗床。为了促使其提早出苗和提高出苗率,在播种前可将种子在30℃左右的温水中浸泡5~6小时,然后装在纱布袋中搓揉,洗去种子表面的黏液,然后进行播种。播种后保持床面潮湿,1周后即发芽出苗。小苗发叶后要少浇水,使苗挺拔,以防倒伏。

(2) 扦插繁殖 可于清明前后,在温室越冬的一串红母本上剪

第四章 一二年生草本花卉

取新梢作插穗,或在 6~8 月份一串红打顶时利用嫩梢作插穗,进行露地扦插。插穗长度一般保持 2~3 节。插于透水透气的基质中(如糠灰、珍珠岩等)。插后需浇透水,并注意遮荫和叶面喷水,保持空气湿度。一般经 1 周后开始生根。也可采用简易喷雾全光照扦插育苗,既便于管理,又可缩短扦插时间,并提高成活率。

【栽培管理】

(1)移植 当播种幼苗长到 3 对叶或扦插苗成活后,即可进行移栽。移栽地或盆栽土都要施基肥,随栽随即浇足定根水。

(2)摘心 定植后要立即摘心,只保留 1~2 节。以后随着幼苗的生长反复进行摘心,每次摘心仅在原来基础上留 1~2 节为宜,以促使植株矮壮、丰满、花密。

(3)除蕾 一串红在生长期间能多次开花。一般在气温 20℃~25℃和短日照条件下,新梢经 25 天生长又可开花。因此,在一串红开花后要及时剪除残花,减少养分的消耗,促使再度开花。同时,还可利用这一特性来根据需要调节花期。例如要使国庆节时开花鲜艳而整齐,可于 9 月 1~5 日进行最后一次摘心,经过 20 多天的培养,即可达到适期开花的目的。

(4)水肥管理 在生长期间,为避免植株徒长,应少浇水,勤中耕除草,并每月追肥 2~3 次。尤其在每次除蕾后,要浇足水,经 1 周后施淡肥水,其后勤施肥水,并适当增施磷、钾肥,促生新梢,开花繁盛。

若要培育大株型一串红,可于深秋剪去部分嫩梢,留老根进温室,不断进行翻盆、施肥、摘心等管理,到翌年夏天即可培养成大株型一串红。

【病虫害防治】 常发生叶斑病和霜霉病。可用 65% 代森锌可湿性粉剂 500 倍液喷洒。虫害常见的有银纹夜蛾、短额负蝗、粉虱和蚜虫等,可用 10% 二氯苯醚菊酯乳油 2 000 倍液喷杀。

【应用及配置】 一串红花色鲜艳,花期长,为花丛、花坛配置的主要材料。既可露地栽培,也适于盆栽。矮生种更适宜布置花坛。

(二)鸡冠花

别名鸡髻花、老来红。苋科,青葙属。

【外观形态】 株高 60~90 厘米,全株无毛。茎直立,粗壮,绿色或带红色。叶互生,卵形、卵状披针形,长 5~13 厘米,宽 2~6 厘米,两端渐尖。花序扁平,鸡冠状,顶生;苞片、小苞片和花被片紫色、红色、淡红色或黄色,干膜质;雄蕊 5 枚,花丝下部合生成杯状;子房上位,柱头 2 浅裂。胞果卵形,盖裂。种子扁圆形或略呈肾形,黑色,有光泽。花期 7~10 月份,果期 9~11 月份。

【生态习性】 耐干燥,怕水涝,尤其梅雨季节雨水多,空气湿度大,对鸡冠花生长极为不利。鸡冠花对干旱也非常敏感,须保持盆土稍湿润,否则茎叶极易凋萎下垂,影响正常生长。鸡冠花喜阳光,若阳光充足植株生长健壮,叶色深绿,花朵大、花色鲜艳;若光线不足,茎叶易徒长,叶色淡绿,花朵变小。生产盆栽鸡冠花必须选择阳光充足场所。土壤选择肥沃疏松、排水良好的沙质壤土,忌黏湿土壤,在瘠薄土壤中生长差、花序变小。

【繁殖方法】 常用播种繁殖。于 4~5 月份播种,每克种子 1 200~1 300 粒,发芽适温 21℃~24℃,播后 10~12 天发芽。幼苗生长期以 16℃~18℃为宜,温度过高,幼苗易徒长。

【栽培管理】 幼苗 3~4 片叶时,于阴天移植盆栽,盆口径 10 厘米。头状鸡冠花生长期不摘心;而穗状鸡冠花达 7~8 片叶时摘心,促进多分枝。为使鸡冠花主枝上花朵硕大,应在幼苗期及时摘去旁生腋芽。生长期每 15 天施肥 1 次,或用卉友 20-20-20 通用肥。保持土壤稍干燥,盛夏浇水需在早上和晚上,以免损伤叶片。如土壤过湿或施肥过量,都会引起植株徒长和花期延迟。花前增施 1~2 次磷、钾肥,使花的色彩更鲜艳。鸡冠花基部叶片易受泥土污染而腐烂脱落,盆栽时最好用地膜覆盖地面,防止下雨时泥土沾污叶片。鸡冠花为异花授粉植物,留种株必须隔离处理,防止杂交,影响种子质量。

【病虫害防治】 病害主要为立枯病,6~7月份是病害的盛发期。防治方法是盆栽时使用无病新土,庭院栽培应进行土壤消毒并且不能连作,发现个别病株及时拔除销毁。播前每平方米用福尔马林50毫升加水12升,消毒土壤。幼苗出土20天内,严格控制浇水。发病初期,用50%代森铵300~500倍液或70%甲基托布津8 000倍液喷洒,可灭菌保苗。

主要虫害为拟短额负蝗和银纹夜蛾。防治初龄若虫可人工捕杀;防治若虫、成虫可在露水干后喷50%杀螟松乳油1 000倍液,或90%晶体敌百虫800倍液。不仅受害植株上要喷,植株附近的杂草上也须喷药。

【应用及配置】 鸡冠花花色艳丽,花期长,可作盆栽或花坛摆花,也可作切花。

(三)金鱼草

别名龙头花、龙口花、狮子花、洋彩雀。玄参科,金鱼草属。

【外观形态】 株高20~70厘米。叶片长圆状披针形。总状花序,花冠筒状唇形,基部膨大成囊状,上唇直立2裂,下唇开展3裂,有白、淡红、深红、肉色、深黄、浅黄、黄橙等颜色。

【生态习性】 原产于地中海一带。较耐寒,不耐热,喜阳光,也耐半阴。生长适温,9月份至翌年3月份为7℃~10℃,3~9月份为13℃~16℃,幼苗在5℃条件下通过春化阶段。高温对金鱼草生长发育不利,开花适温为15℃~16℃,有些品种温度超过15℃不出现分枝,影响株态。对水分比较敏感,盆土必须保持湿润,盆栽苗必须充分浇水。但盆土排水性要好,不能积水,否则根系腐烂,茎叶枯黄凋萎。土壤宜用肥沃、疏松和排水良好的微酸性沙质壤土。

【繁殖方法】 主要是播种繁殖,但也可扦插。金鱼草种子细小、灰黑色,每克约8 000粒,发芽率60%。18℃~22℃播种,1~2周出苗。播种时需混沙撒播。对一些不易结实的优良品种或重瓣品种,常用扦插繁殖。扦插一般在6~7月份进行。

【栽培管理】 苗期摘心促进分枝,枝型苗壮,延迟花期。对植株较高的品种应设支柱,以防倒伏。生长期施1~2次完全肥料,注意灌水。在自然条件下秋播者3~6月份为花期。在温室条件下,促成栽培7月份播种,可于12月份至翌年3月份开花;10月份播种,翌年2~3月间开花;1月份播种,5~6月间开花。一般自播种至开花约12周。在适宜条件下花后保持15厘米,剪除地上部,加强肥水管理,可使下一季度继续开花。施赤霉酸 GA_3(0.02%)有促进花芽形成和促进开花的作用。盆栽金鱼草常用口径10厘米盆,播种苗发芽后6周即可移栽上盆。生长期保持温度16℃,盆土湿润和阳光充足。有些矮生种播种后60~70天可开花。

【病虫害防治】 常见的病害有立枯(苗腐)病和叶枯病。立枯病可采用彻底排水、适当保持干燥和撒多菌灵、甲基托布津消毒剂等方法进行防治。叶枯病防治时可以将种子用甲氧乙氯汞消毒,温室经常通风,发病前后喷甲基托布津、多菌灵、代森锌等。

虫害在金鱼草的幼苗期,应防范蟋蟀及蝼蛄的为害,可在清晨勤察看,发现这些害虫后可用人工捕捉或喷洒50%辛硫磷乳油1 500倍液防治。蚜虫为害较为普遍,用10%灭多威可溶性粉剂1 000倍液进行防治。

【应用及配置】 金鱼草花色多且鲜艳,花期长,是草本花卉中常见和重要的切花,中矮生种可作花境、花坛和盆栽观赏之用。

(四)矮牵牛

别名碧冬茄、杂种撞羽朝颜、灵芝牡丹。茄科,碧冬茄属。

【外观形态】 株高 15~60 厘米,全株被黏毛,茎基部木质化,嫩茎直立,老茎匍匐状。单叶互生,卵形,全缘,近无柄,上部叶对生。花单生叶腋或顶生,花较大,花冠漏斗状,边缘 5 浅裂。花期 4~10 月份。蒴果,种子细小。

【生态习性】 喜温暖和阳光充足的环境。不耐霜冻,怕雨涝。生长适温为 13℃~18℃,冬季温度保持 4℃~10℃,如低于 4℃,植株生长停止。夏季能耐 35℃ 以上的高温。夏季生长旺期,需充足水分,特别在夏季高温季节,应在早晨和晚上浇水,保持盆土湿润。但梅雨季节,雨水多,对矮牵牛生长十分不利。盆土过湿,茎叶容易徒长。花期雨水多,花朵易褪色或腐烂。盆土若长期积水,则烂根死亡,所以盆栽矮牵牛宜用疏松肥沃和排水良好的砂壤土。

属长日照植物,生长期要求阳光充足,在正常的光照条件下,从播种至开花需 100 天左右。冬季大棚内栽培时,在低温短日照条件下,茎叶生长很茂盛,但着花很难,当春季进入长日照下,很快就从茎叶顶端分化花蕾。

【繁殖方法】 可用播种、扦插繁殖。

(1)播种繁殖 播种时间应根据用花的时间而定。如 5 月份用花,应在 1 月份温室或大棚内播种;10 月份用花,需在 7 月初播种。矮牵牛种子细小,每克种子 9 000~10 000 粒,发芽适温为 22℃~24℃,播后不需覆土,轻压一下即可,上盖地膜保湿。当子叶顶土时,揭去地膜。出苗后维持在 9℃~13℃ 可使苗矮壮、充实。幼苗期移植宜早,并尽量避免土团松散,否则根系恢复慢。

(2)扦插繁殖 室内栽培全年均可进行。花后剪取顶端长 10 厘米的嫩枝,插入沙床中,保持湿润,在气温 20℃~25℃ 条件下,插后 15 天即可生根,30 天可移栽上盆。

【栽培管理】 幼苗长出 5~6 片真叶时可定植于 10 厘米的花盆中,苗高 10 厘米时进行摘心,在摘心后 15 天用 0.25%~0.5% 比久(B_9)喷洒叶面 3~4 次,用以控制植株高度,促进分枝。

生长期除在土壤中施用稀薄豆饼肥水外,每隔15天用0.3%磷酸二氢钾液肥喷洒叶面1次,以促使花芽分化多、旺盛、色艳。夏季酷暑多雨期,植株易倒伏,注意修剪整枝,摘除残花,使花繁叶茂。

盆栽时,宜经常保持盆土湿润,施肥不宜过量,不然植株生长过旺而着花不多。生长发育期间每隔15~20天施1次腐熟的稀薄饼肥水即可。应注意适当修剪,控制植株高度,促使多开花。当矮牵牛长到一定高度时,用小竹竿作支柱支撑,以免倒伏。

【病虫害防治】 矮牵牛易遭蚜虫为害。发现虫害,可用10%吡虫啉可湿性粉剂,加水3 000倍稀释后喷杀,效果极佳。

【应用及配置】 矮牵牛花大色艳,花色丰富,为长势旺盛的装饰性花卉,而且还能做到周年繁殖上市,广泛用于花坛布置,花槽配置,景点摆设,窗台点缀,家庭装饰。

(五)凤仙花

别名指甲草、透骨草、金凤、洒金花。凤仙花科,凤仙花属。

【外观形态】 株高1米左右,上部分枝。茎上有柔毛或近于光滑。叶互生,阔或狭披针形,长10厘米左右,顶端渐尖,边缘有锐齿,基部楔形;叶柄附近有几对腺体。花大而美丽,粉红色,也有白色、红色、紫色或其他颜色的,单瓣或重瓣,生于叶腋内。蒴果纺锤形,有白色茸毛,成熟时弹裂为5个旋卷的果瓣;种子多数,球形,黑色。花果期6~9月份。

【生态习性】 性喜阳光,怕湿,耐热不耐寒,适生于疏松肥沃微酸性土壤中,但也耐瘠薄。凤仙花适应性较强,移植易成活,生长迅速。

【繁殖方法】 用种子繁殖,3~9月份播种。以4月份播种最为适宜,这样6月上中旬即可开花,花期可保持2个多月。播种前,应将苗床浇透水,使其保持湿润。凤仙花的种子比较小,播种后不能立即浇水,以免把种子冲跑。播后再盖上3~4毫米厚的薄土,注意遮荫,约10天后可出苗。当小苗长出2~3片叶时移植,以后逐步定植或上盆培育。

【栽培管理】 盆栽时,当小苗长出3~4片叶后,即可移栽。先用小口径盆,逐渐换入较大的盆内,最后定植在20厘米口径的大盆内。10天后开始施液肥,每周1次。定植后,对植株主茎要进行打顶,增强其分枝能力;基部开花随时摘去,这样会促使各枝顶部陆续开花。

【病虫害防治】 凤仙花生存力强,适应性好,一般很少有病虫害。如果气温高、湿度大,出现白粉病,可用50%甲基托布津可湿性粉剂800倍液喷洒防治。如发生叶斑病,可用50%多菌灵可湿性粉剂500倍液防治。

凤仙花主要虫害是红天蛾,其幼虫会啃食叶片。如发现有此虫害,可人工捕捉灭除。

【应用及配置】 除用于花境和盆景配置外,也可作切花。

(六)牵牛花

别名喇叭花、牵牛子、朝颜。旋花科,牵牛属。

【外观形态】 花具短梗,1~5朵着生于叶腋处,花冠漏斗状或喇叭状,萼片5裂。花色有蓝、白、紫、蓝紫、粉红及复色等。花型有单瓣花、重瓣花或裂瓣花等变化。花期6~10月份。

【生态习性】 牵牛花性喜温暖向阳,对土壤无严格要求,耐干旱和瘠薄,但在肥沃湿润的沙质壤土中生长更旺。花朵清晨开放,至上午10时左右闭合。有些品种的花朵可开到中午前后。能自播繁衍。

【繁殖方法】 以播种方式进行繁殖。我国南方于4~5月间在露地播种,而北方则需提前在温室内播种。由于牵牛花的种子具较硬的外壳,因此在播种前应先割破种皮,或浸种一昼夜,控去水后用湿布包裹,置于20℃环境中,每天洒水1~2次,经3~4天种子萌动后,取出播入土中。播后覆土1~2厘米厚,浇足清水,约1周后可出苗,出苗率约60%。当叶子展开时及时间苗,或脱盆带土移植,每穴保留1株壮苗。另外,也可以把种子直接播在篱笆边、棚架旁、窗前檐下,发芽、出苗、生长,任其缠绕。牵牛花的茎缠绕它物向上生长,茎自己旋转爬藤,不像葡萄的茎有卷须,也不像爬山虎的茎有吸盘和钩刺,更不像常春藤有气生根,而是缠绕茎。

【栽培管理】 生长期每隔15天施氮肥1次,可用稀的人尿(1份人尿+5份水)作氮肥。牵牛花长出4~5片叶子时,可以摘除茎的顶端(摘心),这样可以多发分枝,提前开花。

【病虫害防治】 常见病害有白霉病、叶斑病、病毒病等。一般可用75%百菌清700~1000倍液喷洒防治;病害严重的叶片应及时摘除。

【应用及配置】 牵牛花花色多且鲜艳,主要用于园林绿地的垂直绿化和建筑物阳台、窗台的点缀。

(七)虞美人

别名丽春花、赛牡丹、小种罂粟花、蝴蝶满园春。罂粟科,罂粟属。

【外观形态】 株高40~60厘米,分枝细弱,被短硬毛。叶互生,羽状深裂,裂片披针形,具粗锯齿。花单生,有长梗,未开放时花蕾下垂;开时直立,花瓣4枚、近圆形,花径5~6厘米,花色丰富。蒴果杯形,种子肾形,千粒重0.33克,寿命3~5年。

【生态习性】 虞美人耐寒,怕暑热,喜阳光充足的环境,喜排水良好、肥沃的砂壤土。不耐移栽,能自播。花期5~6月份。

【繁殖方法】 播种繁殖。9~10月份播种于预先整理好的苗床中,发芽适温20℃。因种子很小,苗床土必须整细,播后不覆土,盖草保持湿润,出苗后揭盖。

【栽培管理】 叶长出 3~4 片时移苗。定植时,植株需带土。若直播,以 30 厘米株距定苗。定植后,需及时追肥、除草、松土,以使幼株生长健壮。因蒴果成熟期不一致,需分批采收。

【病虫害防治】 虞美人很少发生病虫害,但若施氮肥过多、植株过密,或多年连作,则会出现腐烂病。防治此病需清除病株,再在原地撒一些石灰粉即可。虫害亦不多,主要是金龟子幼虫。可用 10%吡虫啉可湿性粉剂 1500 倍液喷施灭虫,每隔 7 天喷施 2 次即可。

【应用及配置】 虞美人花色艳丽,花姿轻盈,是早春花坛或花境配置的良好材料。

(八)三 色 堇

别名人面花、猫脸花、蝴蝶花、鬼脸花。堇菜科,堇菜属。

【外观形态】 一般茎高 20 厘米左右,从根际生出分枝,呈丛生状。基生叶有长柄,叶片近圆心形;茎生叶卵状长圆形或宽披针形,边缘有圆钝锯齿,托叶大,基部羽状深裂。早春从叶腋间抽生出长花梗,梗上单生 1 花,花大,直径 3~6 厘米,花有 5 瓣,通常每朵花有蓝紫、白、黄 3 色;花瓣近圆形,覆瓦状排列,距短而钝。花期可从早春到初秋。

【生态习性】 三色堇喜凉爽通风环境,略耐半阴,较耐寒,四季可开花,但在炎热的夏季常生长情况不佳,开花小。对土壤要求不严,能耐贫瘠,适生于肥沃疏松、富含有机质的土壤,在潮湿、排水不良的土壤中生长不好。

【繁殖方法】 多用播种法繁殖;为保留优良品种的特性,也可在初夏时行扦插或压条繁殖。三色堇可四季播种,全年开花。其种子发芽最适温度为 15℃~20℃,所以播种一般以 9 月份为好,翌年早春即可开花。扦插 3~7 月份均可进行,以初夏为最好。一般剪取植株中心根茎处萌发的短枝作插穗,开花枝条不能作插穗。

扦插后 2~3 周即可生根,成活率很高。压条繁殖,也很容易成活。

【栽培管理】 盆栽三色堇,一般在幼苗长出 3~4 片叶时移栽上盆。移植时须带土球,否则不易成活。幼苗上盆后,先要放背阴处缓苗 1 周,再移至向阳处。生长期正常浇水,勤施稀薄肥,并进行松土、摘心,一般早春即可开花。开花时不晒太阳,可延长花期。果实卵形,嫩时弯曲向地,长老时向上直起。种子由青白色变成赤褐色,须及时采收。当年的种子发芽率高,陈旧种子发芽率低。

【病虫害防治】 三色堇病害较少,偶有炭疽病发生,在生长期内每隔 15 天喷 1 次 50% 多菌灵粉剂防治。如有蚜虫为害,可用 10% 灭多威可溶性粉剂 1 000 倍液防治。

【应用及配置】 适用于布置花坛,是春季花坛配置的主体材料。还可盆栽观赏。

(九)石 竹

别名中国石竹、锦团石竹、石竹子花、十样景花。石竹科,石竹属。

【外观形态】 株高 30~40 厘米,直立簇生。茎直立,有节,多分枝。叶对生,条形或线状披针形。花萼筒圆形,花单朵或数朵簇生于茎顶,形成聚伞花序,花径 2~3 厘米,花色有紫红色、大红色、粉红色、纯白色、红色、杂色等,单瓣 5 枚或重瓣,先端锯齿状,微具香气。花瓣阳面中下部组成黑色美丽环纹,盛开时瓣面如蝶闪着绒光,绚丽多彩。花期 4~10 月份,集中于 4~5 月份。蒴果矩圆形或长圆形,种子扁圆形、黑褐色。

【生态习性】 其性耐寒、耐干旱,不耐酷暑,夏季多生长不良或枯萎,栽培时应注意遮荫降温。喜阳光充足、高燥、通风及凉爽湿润气候。要求肥沃、疏松、排水良好及含石灰质的壤土或沙质壤土,忌水涝,好肥。石竹花日开夜合,若上午日照、中午遮荫、晚上露夜,则可延长观赏期,并使之不断抽枝开花。

【繁殖方法】 常用播种、扦插和分株繁殖。种子发芽最适温度为21℃~22℃,播种繁殖一般在9月份进行。播种于露地苗床,播后保持床土湿润,播后5天即可出芽,10天左右即出苗,苗期生长适温10℃~20℃。当苗长出4~5片叶时即可移植,翌春开花。也可于9月份露地直播或11~12月份冷室盆播,翌年4月份定植于露地。扦插繁殖在10月份至翌年3月份进行,枝叶茂盛期剪取5~6厘米的嫩枝作插条,插后15~20天生根。分株繁殖多在花后利用老株分株,可在秋季或早春进行。

【栽培管理】 盆栽石竹要求施足基肥,每盆种2~3株。苗长至15厘米高时摘除顶芽,促其分枝。以后注意适当摘除腋芽,否则分枝过多,会使养分分散而开花小;适当摘除腋芽使养分集中,可促使花大而色艳。生长期间宜放置在向阳、通风良好处养护,保持盆土湿润,每隔10天左右施1次腐熟的稀薄液肥。夏季雨水过多,注意排水、松土。石竹易杂交,留种株或留种田需隔离栽植。开花前应及时去掉一些叶腋花蕾,主要是保证顶花蕾开花。冬季宜少浇水,如温度保持在5℃~8℃条件下,则冬、春季不断开花。

【病虫害防治】 病害主要是锈病,可用50%萎锈灵可湿性粉剂1 500倍液喷洒。虫害主要是红蜘蛛,可用1.8%虫螨克乳油4 000~6 000倍液喷杀。

【应用及配置】 可用于花坛、花境、花台或盆栽、岩石园和草坪边缘点缀,也可用于切花。

(十)百日草

别名步步高、火球花、五色梅、对叶菊。菊科,百日草属。

【外观形态】 株高40~120厘米。茎直立粗壮,上被短毛,表面粗糙。叶对生无柄,基部抱茎,卵圆形至长椭圆形,全缘,上被短刚毛。头状花序单生枝端,梗甚长,花径4~10厘米(大型花径12~15厘米)。舌状花多轮花瓣呈倒卵形,有白、绿、黄、粉、红、橙等多种颜色;管状花集中在花盘中央,为黄橙色,边缘分裂。瘦果广卵形至瓶形。筒状花瘦果椭圆形、扁小。花期6~9月份,果熟期8~10月份。

【生态习性】 喜温暖、不耐寒、怕酷暑、性强健、耐干旱、耐瘠薄、忌连作。根深、茎硬不易倒伏。宜在肥沃深土层土壤中生长。生长期适温15℃~30℃,适合北方栽培。

【繁殖方法】 以种子繁殖为主,是嫌光性种子,播种后须覆盖一层蛭石。发芽适温20℃~25℃,7~10天萌发,播后70天左右开花。留种要在外轮花瓣开始干枯、中轮花瓣开始失色时进行,剪下花头,晒干去杂贮存。也可扦插繁殖,可在6月中旬后进行,剪侧枝扦插,遮荫防雨。

【栽培管理】 出苗后气温应高于15℃,否则生长不良。幼苗长出2~3片真叶时分苗移栽1次,4~5片叶时摘心。株高长至5~10厘米时定植,并按大小苗分级栽种。百日草侧根较少,应带土移栽,株行距矮生种30厘米,高生种50厘米。定植后每月施1次液肥。为促使植株矮化、分枝多,还可在苗期喷施比久100~500倍液。当苗高10厘米时,留2对叶摘心,促使其萌发侧枝。当侧枝长至2~3对叶时,第二次摘心,促使株型饱满、花朵繁茂。开花前多施追肥,一般5~7天1次,直至开花。花后及时将残花从花茎基部(留2对叶)剪去,修剪后追肥2~3次,保证植株生长所需的水肥,以延长整体花期。百日草不耐酷暑,进入8月份会出现开花稀少、花朵较小的现象,需加强灌溉,防治红蜘蛛。如此至9月份可正常开花、结实。

【病虫害防治】 夏季,高温高湿易患叶斑病,危害开花后的成熟植株,发展迅速,危害严重,从初发至叶片干枯只需1周左右的时间。

防治方法:播种时进行土壤和种子消毒,可选用新植霉素200毫克/升浸种2~3小时,并喷洒床土,播种时注意覆盖。生长季节发病可用53.8%可杀得2000的1 000倍液,或杀菌王1 000倍液,或72%农用硫酸链霉素3 000倍液,喷洒叶面,每周1次,连续3~4次,会收到明显的防治效果。

【应用及配置】 因花期长,可按高矮分别用于花坛、花境、花带。也常用于盆栽。高生种可用于切花。

(十一)金盏菊

别名金盏花、黄金盏、长生菊、醒酒花、常春花。菊科,金盏菊属。

【外观形态】 株高30~60厘米,为二年生草本,全株被白色茸毛。单叶互生,椭圆形或椭圆状倒卵形,全缘,基生叶有柄,上部叶基抱茎。头状花序单生茎顶,花型大,花径4~6厘米;舌状花一轮,或多轮平展,金黄色或橘黄色;筒状花,黄色或褐色。也有重瓣(实为舌状花多层)、卷瓣和绿心、深紫色花心等栽培品种。花期12月份至翌年6月份,盛花期3~6月份。瘦果,呈船形、爪形,果熟期5~7月份。

【生态习性】 喜阳光充足环境,适应性较强,能耐-9℃低温,怕炎热天气。不择土壤,但以疏松、肥沃、微酸性土壤最好。能自播。

【繁殖方法】 主要是播种繁殖。常以秋播或早春温室播种,每克种子100~125粒,发芽适温为20℃~22℃,盆播土壤需消毒,播后覆土3毫米厚,7~10天发芽。种子发芽率80%~85%,种子发芽有效期为2~3年。

【栽培管理】 幼苗长出3片真叶时移苗1次,待苗5~6片真叶时定植于10~12厘米口径的盆中。定植后7~10天,摘心促使分枝或用0.4%比久溶液喷洒叶面1~2次控制植株高度。生长期每15天施肥1次,或用卉友20-20-20通用肥。肥料充足,开花多而大;相反,肥料不足,花朵明显变小。花期不留种,将凋谢花朵剪除,有利于花枝萌发,多开花,延长观花期。留种要选择花大色艳、品种纯正的植株,应在晴天采种,防止脱落。

【病虫害防治】 常发生枯萎病和霜霉病,可用65%代森锌可湿性粉剂500倍液喷洒防治。初夏气温升高时,金盏菊叶片常发生锈病,用50%萎锈灵可湿性粉剂2 000倍液喷洒。早春花期易遭受红蜘蛛和蚜虫为害,可用1.8%虫螨克乳油4 000~6 000倍液或10%灭多威可溶性粉剂喷杀。

【应用及配置】 金盏菊植株密集,花色有淡黄、橙红、黄等多种颜色,鲜艳夺目,是早春园林中常见的草本花卉,适用于中心广场、花坛、花带布置,也可作为草坪的镶边花卉或盆栽观赏。长梗大花品种可用于切花。

(十二)飞燕草

别名南欧翠雀。毛茛科,翠雀花属。

【外观形态】 株高50~90厘米。叶片掌状,3深裂或全裂,再2~3回细裂。总状花序顶生,长达30厘米;花有蓝、白、粉红等色;花瓣2枚,花萼5枚,有弯曲的距,花萼与花瓣同色。

【生态习性】 喜阳光充足和凉爽的气候,怕高温,能耐寒、耐旱,忌渍水,在肥沃富含腐殖质的黏质土壤中生长较好。

【繁殖方法】 常用播种繁殖。春、秋季节均可播种,以秋播为好。播后2周左右发芽,若温度过高,反而出苗不整齐。

【栽培管理】 飞燕草为直根性花卉,须根少,以直播为好,不耐移植。如需移植,应在小苗2片真叶时带土球移植,否则影响成活率。初移植时宜用小盆,待苗长大后再换1次盆,并施入干粪作基肥。为防止植株长得太高,可施1次5 000毫克/千克的多效唑,或1 500毫克/千克的比久,每15天1次,直至现蕾。浇水要掌握见干见湿,花期要适当多浇水,不使土壤过干。根据生长状况,每月施饼肥水1~3次。生长期每15天施氮肥1次,花前增施2~3

次磷、钾肥。花期土壤保持湿润,可延长观花期。8~9月份种子成熟,因其种子是先开花者先成熟,熟后蓇葖果就自然裂开,所以要及时采收,以免散落。

【病虫害防治】 常见病害有黑斑病、根颈腐烂病和菊花叶枯线病,危害叶片、花芽和茎。可用30%甲基托布津可湿性粉剂500倍液喷洒防治。虫害有蚜虫和夜蛾。用10%除虫精乳油2 500倍液喷杀。

【应用及配置】 飞燕草花形似飞燕,花序硕大成串,花色艳丽,有蓝、紫、白、粉红等色。矮生种适用于盆栽或花坛布置,高生种是切花的极佳材料。

(十三)福 禄 考

别名福禄花、福乐花、五色梅、草夹竹桃、桔梗石竹。花荵科,天蓝绣球属。

【外观形态】 株高15~45厘米。茎直立,多分枝,有腺毛。叶互生,基部叶对生;宽卵形、矩圆形或披针形,长2~7.5厘米,顶端急尖或突尖,基部渐狭或稍抱茎,全缘,上面有柔毛,下面仅上端有柔毛;叶无柄。聚伞花序顶生,有短柔毛,苞片和小苞片条形;花萼筒状,裂片条形,外面有柔毛;花冠高脚碟状,直径2~2.5厘米,裂片,圆形,雄蕊不伸出,花色原种为玫瑰红色;花期5~6月份。蒴果椭圆形,有宿存萼片。种子矩圆形,背面隆起,腹面平坦、棕色。

【生态习性】 耐寒性不强,不耐干旱,不喜酷热。对土壤要求不严,但在肥沃而湿润的土壤中生长更为适宜。

【繁殖方法】 常用播种繁殖。种子较小,每克550~600粒。可以直播于育苗盘中,采用轻质的播种介质。播种后略盖土,常采用细粒蛭石,有助于保持湿润,同时喷洒杀菌剂防止小苗得病。最佳的发芽温度为20℃~22℃,土温对种子发芽的影响很大,应加强控制。一般 7~14 天可以出苗。特别注意小苗不耐移植。

【栽培管理】 宜生长在阳光充足、气候凉爽的环境条件下。当环境条件不理想时,应喷洒 1~2 次矮壮素防止徒长。栽培过程中必须保持适宜的株行距,防止拥挤而影响株型及产生病虫害。植株矮生,枝叶被毛,因此浇水、施肥应避免沾污叶面,以防枝叶腐烂。整个生长发育期为 10~14 周,此过程的长短与盆的大小、光照条件以及育苗时间有关。

【病虫害防治】 福禄考不容易发生虫害,但容易缺乏铁元素。若出现缺铁症状,可均匀喷洒 0.5% 硫酸亚铁水溶液进行补救。

【应用及配置】 适宜于布置花坛、花境,也可供春季室内观赏和用于切花。

(十四)长春花

别名雁来红、日日新、四时春、人面桃花。夹竹桃科,长春花属。

【外观形态】 南方呈亚灌木状,株高达 60 厘米;北方多做一年生栽培,株高约 40 厘米。幼枝绿色或红褐色,它和叶背、花萼、花冠筒及果均被白色柔毛。单叶对生,长圆形或倒卵形,全缘,光滑,长 4~7 厘米,宽 2~3 厘米,先端中脉伸出成短尖。花 1~2 朵腋生;花萼绿色,5 裂;花冠高脚碟状,粉红色或紫红色,长 2.5~3 厘米,裂片 5 枚;雄蕊 5 枚,内藏;心皮 2 个,分离,花柱联合。蓇葖果 2 枚,圆柱形,长 2~3 厘米,有种子数粒,成熟后易掉落并开裂。花期:热带、南亚热带近全年,长江流域及其以北地区 7~9 月份。果熟期 9~10 月份。

【生态习性】 喜阳光,要求排水良好的壤土或黏质壤土。怕积水,水分过多生长不良。

【繁殖方法】 常用播种繁殖。长江流域及其以北地区通常 4 月中旬播种,发芽适温 20℃~25℃,幼苗长出 3 对真叶时移植。

第四章 一二年生草本花卉

【栽培管理】 盆栽长春花,要用含腐殖质丰富的疏松土壤,幼苗长出6~7片真叶时上盆。苗高7~8厘米时摘心1次,以后还可摘心2次,以促进多发分枝、多开花。平时浇水不宜过多,太湿影响生长发育。生长期施一些氮肥,孕蕾期可增施一些磷肥。花后须剪去残花。平时管理,还要注意保证给予植株充分的光照,若长期处于荫蔽处、光照不足,会使叶片发黄。如果土壤偏碱板结、渗水不良、通气性差,也会使植株生长不良,叶子发黄且不开花。冬季要移入室内,室温保持在5℃以上,并控制浇水,盆土以偏干为宜。若室温保持在15℃~20℃,可持续开花不断。翌年初春可移至室外管理。长春花一般栽培2年换1次盆。

【病虫害防治】 长春花植株本身有毒,所以比较抗病虫害。苗期的病害主要有苗期猝倒病、灰霉病等。可对症防治。另外要防止苗期肥害、药害的发生。如已发生肥害、药害,应立即用清水浇透,加强通风,降低危害。虫害主要有红蜘蛛、蚜虫、茶蛾等,可参照前文对症防治。长时间阴雨对长春花非常不利,特别容易感病。在生产过程中不能淋雨。

【应用及配置】 适合布置花坛、花境,也可作盆栽观赏。

(十五)万 寿 菊

别名臭芙蓉、万寿灯、蜂窝菊、臭菊花、蝎子菊。菊科,万寿菊属。

【外观形态】 株高约80厘米,茎直立、粗壮,多分枝。叶对生或互生,羽状全裂;裂片披针形或长矩圆形,有锯齿;叶缘背面具油腺点,有强烈臭味。头状花序单生,有时全为舌状花,直径5~10厘米。舌状花有长爪,边缘皱曲;花黄色、黄绿色或橘黄色;花期6~10月份。瘦果线形,有冠毛。

【生态习性】 喜阳光充足的环境,耐寒、耐干旱,在多湿气候条件下生长不良。对土壤要求不严,但以肥沃疏松排水良好的土壤为好。

【繁殖方法】 用播种繁殖或扦插繁殖。播种宜在3月下旬至4月初进行,发芽适温15℃~20℃,播后1周出苗,苗具5~7片真叶时定植,株距30~35厘米。扦插宜在5~6月份进行,很易成活。

【栽培管理】 幼苗长出5~6片真叶时定植。苗期生长迅速,对水肥要求不严,在干旱时需适当浇水。植株生长后期易倒伏,应设支柱,并随时除残花枯叶。施以追肥,促其继续开花。留种植株应隔离,炎夏后结实饱满。

【病虫害防治】 主要病害有枯萎病、斑枯病、花腐病等,可以通过清除病株、实行轮作和喷施甲基托布津、代森锰锌、雷多米尔等杀菌剂防治。虫害主要是细胸金针虫,可在育苗前用50%辛硫磷乳油1000倍液均匀喷洒在床面,移栽前在移栽沟内撒施毒土辛硫磷颗粒22.5千克/公顷防治。

【应用及配置】 万寿菊宜植花坛、花境、林缘或作切花,矮生品种用于盆栽。

(十六)翠 菊

别名江西腊、五月菊。菊科,翠菊属。

【外观形态】 株高20~100厘米,茎直立,多自上部分枝,全株疏生短毛。叶卵形至椭圆形,互生,具较粗的钝齿。头状花序单生枝顶。园艺品种花径3~15厘米,花色丰富,有绯红、粉红、天蓝、紫蓝、淡绿、雪白、乳白、乳黄等色。瘦果楔形,浅褐色,花后约1个月种子成熟。

【生态习性】 耐寒性弱,也不喜酷热,通风而阳光充足时生长旺盛。为浅根性植物。喜肥沃湿润和排水良好的壤土、砂壤土。积水时易烂根死亡。

【繁殖方法】 常用播种繁殖,出苗容易。春、秋季均可播种,在21℃温度下,8~10天发芽。矮生种宜在3月间室内或阳畦播种,6月份即可开花;7月中旬播种,"十一"期间花盛开;秋季播种,入冬带土坨移入阳畦,用蒲席防寒,保护越冬,翌年早春即可开花。中生种4月末播种,7月份开花。高生种可在6月初播种,入秋即可开花。

【栽培管理】 注意水肥控制,防止徒长倒伏。

【病虫害防治】 常见病害有锈病、枯萎病和根腐病等,可用10%抗菌剂401醋酸溶液1 000倍液喷洒防治。虫害有红蜘蛛和蚜虫,用1.8%虫螨克乳油4 000~6 000倍液喷杀。

【应用及配置】 翠菊的矮生种适宜于花坛布置和盆栽,高生种常用于切花。

(十七)半 支 莲

别名松叶牡丹、太阳花。马齿苋科,马齿苋属。

【外观形态】 茎细而圆,平卧或斜生,节上有丛毛。叶散生或略集生,圆形,长1~2.5厘米。花顶生,直径2.5~4厘米,基部有叶状苞片,花瓣颜色鲜艳,有白、黄、红、紫等色。蒴果成熟时盖裂,种子小巧玲珑、棕黑色。园艺品种很多,有单瓣、半重瓣、重瓣之分。

【生态习性】 喜温暖、阳光充足而干燥的环境,极耐瘠薄,一般土壤均能适应,能自播繁衍。见阳光花开,早、晚、阴天闭合,故有太阳花、午时花之称。花期6~7月份。

【繁殖方法】 播种或扦插繁殖。春、夏、秋三季均可播种。当气温20℃以上时种子萌发,播后10天左右发芽。覆土宜薄,不盖土亦能生长;幼苗分栽,株行距5厘米×6厘米;需施液肥数次,在15℃以上生长20余天开花。扦插繁殖常用于重瓣品种,在夏季将剪下的枝梢作插穗,萎蔫的茎也可利用,扦插成活后即出现花蕾。移栽植株无需带土,生长期不必经常浇水。果实成熟即开裂,种子易散落,需及时采收。

【栽培管理】 半支莲只需进行一般的水肥管理,栽培较容易,保持土壤湿润。移植时可不带土,雨季防积水。

【应用及配置】 半支莲植株矮小,茎、叶肉质光洁,花色丰艳,花期长。宜布置花坛外围,也可辟为专类花坛,或作地被植物应用。

(十八)矢车菊

别名蓝芙蓉、翠兰。菊科,矢车菊属。

【外观形态】 株高30～90厘米,有高生种及矮生种。枝细长,多分枝。茎叶具白色绵毛,叶线形、全缘;茎部常有齿或羽裂。头状花序顶生,边缘舌状花为漏斗状,花瓣边缘带齿状;中央花管状,呈白、红、蓝、紫等色,但多为蓝色。花期4～5月份。

【生态习性】 适应性较强,喜欢阳光充足,不耐阴湿,须栽在阳光充足、排水良好的地方,否则常因阴湿而导致死亡。较耐寒,喜冷凉,忌炎热。喜肥沃、疏松和排水良好的沙质土壤。

【繁殖方法】 常用种子繁殖。春、秋季均可播种,而以9月中下旬播种为好。播种在备好的苗床里,覆土以不见种子为度,稍加压实,盖上草,浇足水,经常保持土壤湿润,发芽后去掉盖草。发芽迅速,生长很快。需移植1次,在幼苗冠径达10～15厘米时定植,株行距20厘米×40厘米。温室栽培,2月份即开始现蕾,可剪取花蕾催花。盛花时,应隔日采花,否则花色变淡。7～8月份花序一旦干枯即可采种。春播要早,地面解冻即可下种,6月份开花,夏季炎热时枯死,花期短而生长差。因此春播不如秋播好。露地秋播的需加覆盖物,以防寒越冬。

【栽培管理】 矢车菊为直根系,不耐移植,移栽时一定要带土团,否则不易缓苗。栽植成活后每隔10天或15天施对水5倍的腐熟人粪尿1次,到翌年3月份停止施肥以待开花。若盆栽,盆土要疏松肥沃,最好用园土、腐叶、草木灰等配以混合土;当苗具 6~7 片叶时,进行第一次移植;以后随生长换到筒盆(内径 10 厘米)中定植。冬季可连盆埋在土中越冬,到翌年 3 月上旬取出,施肥要勤,至现蕾时停止施肥。

【应用及配置】 矢车菊高生种植株挺拔,花梗长,适于作切花;也可作花境配置材料。矮生种株高仅 20 厘米,可用于花坛、草地镶边或盆花观赏。

(十九)风铃草

别名钟花、瓦筒花。桔梗科,风铃草属。

【外观形态】 株高约 1 米,多毛。莲座叶卵形至倒卵形,叶缘圆齿状波形、粗糙;叶柄具翅;茎生叶小而无柄。总状花序,小花 1 朵或 2 朵茎生;花冠钟状,有 5 浅裂,基部略膨大,花色有白、蓝、紫及淡桃红等色。花期 4~6 月份。

【生态习性】 喜夏季凉爽、冬季温和的气候。喜疏松、肥沃而排水良好的壤土。

【繁殖方法】 以播种繁殖为主。种子细小,覆土不宜太厚,发芽适温为 20℃~24℃。亦可分株或扦插育苗。花后结蒴果,每果有种子多粒。种子极细小,可以晒干贮藏。

冬末春初或春季,在塑料棚内保温播种,以便花期错开高温暑热。按小粒种子要求,整地要细致,深翻碎土 2 次以上,刮平地面,淋足水,然后将种子均匀撒下。播后不再覆土或薄盖过筛细土。幼苗期用喷雾器喷水,并视苗的生长情况进行间苗补苗。也可将种子播在沙盘内,出苗后即施复合肥。当苗高 10 厘米左右时,移植至圃地或上盆定植。圃地定植的株行距以 20 厘米×40 厘米为宜,移植后淋足定根水,以后按一般管理。

也可秋季播种,但幼苗需培育至第二年春、夏间方可开花。分株多在秋季进行,培育一冬后,翌年方可开花。

扦插多于春季摘取基部萌发的新芽,插入湿沙床上,经常喷雾保湿,发根后进行移植。

【栽培管理】 风铃草栽培管理简单。要求冬暖夏凉、光照充足、通风良好的环境。不耐干热,耐寒性不强。喜深厚肥沃、排水良好的中性土壤,微碱性土壤中也能正常生长。幼苗需移栽1次,生长期保持土壤湿润,每隔15天施肥1次。北方需在温室越冬或露地遮盖防寒越冬。小苗越夏时应给予一定程度遮荫,避免强烈日照。耐寒性较差,北方只宜在室内或塑料大棚内越冬。南方的广大低热地区,夏季生长较差,需调整种植期或夏日浇水降温。喜微酸至微碱性土壤,南方土壤多为强酸性,种植时宜施适量石灰,以中和土壤。生长期需充足雨水,但根部忌积水,宜做高床并注意排水。种植时施入厩肥或钙、镁、磷肥和石灰等作基肥,苗期施氮肥2~3次,花前增施复合肥。

【病虫害防治】 风铃草少有病虫害,但花期应防止倒伏。

【应用及配置】 风铃草是国际上流行的草本切花。也可盆栽观赏,或露地配置于庭园作花坛、花境材料。

(二十)何氏凤仙

别名玻璃翠。凤仙花科,凤仙花属。

【外观形态】 株高20~40厘米,茎梢多汁。叶翠绿色。花大,直径可达4~5厘米,只要温度适宜可全年开花;花瓣平展;花色有白、粉红、洋红、玫瑰红、紫红、朱红及复色等。

【生态习性】 喜冬季温暖、夏季凉爽通风的环境。不耐寒,越冬温度为5℃左右。喜半阴,生长适宜的温度为13℃~16℃。喜排水良好的腐殖土。种子寿命可达6年,2~3年发芽力不减。

【繁殖方法】 常用扦插法繁殖,也可用播种繁殖。扦插繁殖全年均可进行,但以春、秋季为最好。一般选取8~10厘米带顶梢的枝条,插于沙床内,保持湿润,3周左右即可生根;也可进行水插。播种繁殖于4~5月份在室内进行盆播,保持室温20℃,1周左右即可生根,苗高3厘米左右时即可上盆。

【栽培管理】 幼苗经2~3次摘心,促其分枝,使株型更丰满、优美。喜充足的阳光和温暖的环境。适于中小型花盆栽培,生长时期每1~2周施1次追肥。越冬温度在16℃以上可以开花;低于12℃叶片变黄,下部叶脱落。冬季应放在向阳的窗边,翌年5~10月份可移至室外阳光下栽培。

【应用及配置】 常作盆栽观赏,也是花坛、花境的主要配置材料。在温暖地区或温暖季节常用于布置庭院、园林和街道绿化。

思 考 题

1. 温室一二年生草本花卉主要有哪几种?
2. 露地一二年生草本花卉主要有哪几种?
3. 简述上述各种花卉的繁殖、栽培要点和应用配置方法。
4. 简述上述各种花卉的病虫害种类及防治措施。
5. 在一二年生草本花卉中哪些可用作花坛用花?哪些可用作切花?各举3个例子。

第五章 宿根花卉

一、常见宿根花卉

(一) 菊 花

别名菊华、秋菊、九华、黄花。菊科,菊属。

【外观形态】 株高 20~200 厘米,茎色嫩绿或褐色,基部半木质化。单叶互生,卵圆至长圆形,边缘有缺刻及锯齿。头状花序顶生,舌状花为雌花,筒状花为两性花。舌状花分为平瓣、匙瓣、管瓣、畸瓣 4 类。花色有红、黄、白、紫、绿、粉红、复色、间色等色系。

【生态习性】 喜凉爽,较耐寒,生长适温 18℃~21℃。地下根茎耐旱,最忌积涝。喜地势高、土层深厚、富含腐殖质、疏松肥沃、排水良好的壤土。在微酸性至微碱性土壤中皆能生长,以 pH 值 6.2~6.7 最佳。为短日照植物,在每天 14.5 小时的长日照下进行营养生长,每天 12 小时以上的黑暗与 10℃的夜温适于花芽发育。

【繁殖方法】

(1) 扦插法 分为芽插、枝插 2 种。

①芽插:秋末在菊花母株地下茎上萌发出多个不定芽,又称脚芽。当脚芽叶片初出尚未展开时,作为插穗在备好的基质上进行芽插,极易生根成活,且和分株法一样,生命力强,品种特性不易退化。

②枝插:在 4~5 月期间,可在母株上剪取带 5~7 片叶片、长约 10 厘米的枝条作插穗。将插穗下部的叶子去掉,只留上部 2~3

片,插穗下端削平,扦插在事先备好的基质上。扦插时不要直接往下插,可用细木棍或竹签在基质上扎好洞,然后再小心地将插穗插入基质中,以免刺伤插穗的切口处或外皮。插穗的入土深度为插穗的 1/3 或 1/2。插好后压实培土,浇透水,在温度 15℃~20℃且湿润的条件下,15~20 天可生根成活。待幼苗长至 3~5 片叶时,即可移苗栽植在苗圃或花盆里。

(2)嫁接法　常用根系发达、生长力强的青蒿、白蒿、黄蒿作为砧木,把需要繁殖的菊花苗作接穗,用劈接法嫁接。其方法是:先选好砧木和接穗,然后将砧木的枝条根据需要的长度横接,切面要平整,并在横切面中心纵切一个切口;将接穗下部两侧各削一刀,使接穗成楔形,插入砧木纵切口处,但必须注意将接穗和砧木的外侧形成层对齐,这是劈接成功与否的关键,然后绑扎即可。一般 1 株砧木上可接 1~8 个接穗,具体嫁接数量要视砧木粗细而定。接好后要适当遮荫,以防接穗萎蔫致嫁接失败。待接穗成活后,切口已全部愈合好,才可去掉绑扎带,同时应抹去砧木上生长的小枝叶。

(3)压条法　待菊花枝条较为老化后,可采取连续压条法进行繁殖。先选好距离地面较近的健壮枝,除去土压部位的叶柄,并在此处稍破坏一部分表皮到木质部,以便结痂易在此处生根。待生根后,在叶腋间长出新枝 10~15 厘米时分离母株。若是连续压条的也可各自分离,使之成为独立的新株苗,待一段时间后再移栽。

(4)分株法　将其植株的根部全部挖出,按其萌发的蘖芽多少,根据需要以 1~3 个芽为一丛分开,栽植在整好的畦或花盆中,浇足水,遮荫,5~10 天即可成活。用这种方法繁殖的株苗,强壮、发育快、品种特性不改变。

【栽培管理】　在我国栽培菊花最普遍的形式是盆栽,其次还有切花菊以及园林绿化用的多头菊。

(1)盆栽菊栽培管理

①盆栽菊栽培方法：大致可归纳为以下3种方式。

第一种方式，一段根系栽培法。在长江、珠江流域及西南地区多用此法。培养全过程约需半年，即5月份扦插，6月份上盆，8月上旬停头定尖，9月份加肥催长，10~11月份开花。由于各地条件和技术不同，栽培的方法大致有5种：一是扦插后上盆栽培法；二是瓦筒地植上盆法；三是地植套盆法；四是盆中嫁接法；五是地植嫁接套盆法等。上述方法各有优缺点，以扦插后上盆栽培法应用最普遍，花色正、花期长，但较费工。

第二种方式，二段根系栽培法。此法在东北及江西、湖南等地应用较多。5~6月份扦插，苗成活后上盆，加土至盆深的1/3~1/2。7月下旬至8月上旬停头定尖，待侧枝长出盆沿后，用竹钩固定枝条，使枝分布均匀，并用盘枝法调整植株的高度，其上加土覆盖后，枝上又生根。当枝条长到一定高度时，还可再盘枝调整1次，然后加足肥土。应用此法，菊花外形整齐美观，株矮、叶满、枝健、花大，花期也长。因盘枝上又生根，故称二段根系栽培法。

第三种方式，三段根系栽培法。是华北地区的先进栽培法。从冬季扦插至翌年11月份开花，需时1年。大致经过4个阶段：一是冬存。秋末冬初在母本植株的的基部，精选健壮脚芽扦插养苗。二是春种。翌年4月中旬分苗上盆，盆土用普通腐叶土，不加肥料。三是夏定。通过摘心、剥侧芽，促进脚芽生长，至7月上中旬新芽出土并长至10厘米左右时，选其中发育健全、芽头丰满的苗进行换盆定植。四是秋养。7月上中旬将选好的壮苗移入口径20~24厘米的盆中，盆土要求疏松、肥沃。换盆时将小盆中的菊苗连土坨倒出，以新芽为中心栽植，并剪除多余蘖芽，加土至原苗深度压实。换盆后新株与母株同时生长，待新株发育苗壮后将老株齐土剪去并松土，填入普通培养土三成，加20%~30%腐熟的堆肥。此时盆中已有八成满的肥土，1周后第三段新根生出，新老三段根系与菊苗迅速生长,形成具有强大根系的健壮植株。在整个栽培过程中,换1次盆,填2次土,母本和新株三度发根。其间注意摘除侧蕾和肥水管理及防治病虫害等,直至开花。

②盆栽菊的管理要点:重点抓好5个方面的管理。

第一,水、肥管理。栽培菊花浇水方法很重要,天冷时中午浇水,夏季浇水应在早晚,高温干旱时每日浇水2次,一般情况下水分不宜过多。除施基肥外,在菊苗正常生长时,每隔10天左右施1次淡肥水;立秋后植株生长旺盛,施肥次数可增加,肥料浓度亦可加大;当花蕾形成时应增施磷肥,于傍晚进行,第二天清早再浇1次水,以保证根部正常呼吸;施肥时不可沾污叶面。在菊花生长前期要经常松土除草,不使土壤板结,以利根系发育。

第二,摘心、除蕾、立支柱。摘心可以控制植株的高度和预定开花的数量。一般有单枝、双枝和多枝的形式。苗高15厘米左右或接穗长出3~4片叶片时开始摘心,可摘2~3次。生长迅速的品种摘心次数要多;相反,则次数减少。最后一次摘心一般在立秋前后进行。菊花的花蕾很多,但每枝只留顶端一蕾;为了保险起见,可分3次剥蕾,第一次留蕾3个,第二次留蕾2个,第三次留蕾1个。一般每盆只留3~5个健壮的枝条。盆栽菊的花大,枝条脆弱,应在最后一次摘心时设立支柱扎缚固定。

第三,生长激素处理。盆栽菊花,由于生长期长,如果管理不当会徒长,造成株高和茎秆瘦弱,下部叶片脱落严重,影响观赏价值。喷布多效唑(PP_{333})对菊花矮化有明显的效果,但品种之间对多效唑的敏感性差异很大,使用前需进行试验,以取得最佳浓度。据南京农业大学试验报道,喷布多效唑一般每盆施2~4毫克,叶面喷布80~160毫克/千克,喷1~2次,以最后一次摘心1周后施用为宜。

第四,花后管理。花后地上部分枝叶枯萎,但根茎处新芽(脚芽)出现,冬季应防寒。入冬前要略施肥料,土壤干时要浇水,促使新芽萌发、生长健壮,为翌年春季扦插做好准备。

(2)切花菊栽培管理

①定植:切花菊是喜肥忌涝的植物,宜深沟高畦,施足基肥。沟面高差30厘米×40厘米,每667平方米施4 000千克腐熟的猪粪。露地栽培,畦宽为120厘米,沟宽50厘米;保护地栽培则根据设施情况而定,例如6米×30米标准大棚,栽植3畦,畦面宽1.2米,沟宽0.5米。

定植适期因品种栽培的株型、摘心的次数和供花期的不同而有差异。一般夏菊、早菊或多花型的菊花,定植适期为5月下旬;秋菊、冬菊或大花型的菊花,定植适期为6月上旬。露地栽植,定植密度为20株/平方米;塑料大棚内栽培,每畦宽1.2米,每行种6株,行距20厘米。

②立柱张网:切花菊的高度一般在80厘米左右,需要在畦的四周立支柱作为固定网络用。网宽同于畦宽,网眼为20厘米×25厘米,当菊株生长到20厘米×25厘米高时,在30厘米高处张第一层网,以后随着菊株不断长高,在60厘米处张第二层网。

③整枝、抹芽、疏蕾、换头:切花菊多本栽培经过摘心,会萌发多个分枝,选留3~4枝,其余全部疏除,并要及时抹去分枝上的腋芽。现蕾后及时剥除菊株顶端主蕾以下的所有侧蕾。出现"柳叶头"现象时,应及早摘心换头,将枝条顶梢的柳叶部分连同1~2片正常叶剪去,待其下部萌发的侧枝长成代替主茎,以后在短日照条件下花芽分化。

(3)多头菊栽培管理

①品种选择:适宜培育多头菊的品种比较广泛,一般大菊品种均能培育,尤其以花轮大、花朵丰厚、枝秆挺拔、叶节均匀和植株健壮的品种效果更佳,可获得几朵花均匀整齐、神形一体的效果。

②适时扦插:扦插繁殖的时间以每盆准备养出花朵的朵数多少而定。准备养出几十朵,最好在上年秋末采脚芽扦插;如果只养

到10朵以下的,可以在当年4月上旬扦插。插穗应选健壮枝的正头,长度在8厘米左右,只留顶叶,插后大水泅灌,加盖白色塑料薄膜遮荫。期间注意喷水,让土壤经常保持湿润,经过20多天的常规管理即可生根。扦插过早容易造成早发不易控制高度。

③摘心:小苗一旦成活,及时带泥上盆。先放在荫棚下养护,经过几天小苗服盆后要放置在阳光充足、空气流通的空间,使盆土经常带干,防止菊苗旺长。当菊高15厘米左右时开始摘心,这时只留下底部2~3片叶摘心,使其再萌发侧枝。最后一次摘心须在立秋后10天完成。如果需要开花几十朵,则应按照上述方法反复摘心。

④翻换花盆:成活的小苗移栽在4寸(约13厘米口径)的小盆内。这时的菊苗对土质要求不严,用加些马粪的田园土就可以了。然后放在阳光充足和不积水的场地养护,浇水后要及时松土除草以促进根系的生长。到立秋后天气转凉时翻换花盆,定植在8寸左右(约26厘米口径)的盆里,盆底最好放入30克的马蹄片,以便长期供应养分。再填入事先沤制好的5份腐叶土、2份园田土和3份马粪组成的加肥腐叶土。新上盆的夏定苗第一次只填土至盆深的1/2处,这时正值雨季,如果填土过满往往因新根尚未长出,土中含水量过多,会使通气不畅,不利于菊根的生长。随着新株的生长先后分2次填土,由于盆大土深,原来菊株的主秆基本埋于盆土内,降低了菊株的分枝高度。换土时,适当掰去部分老土,剪去一些老根、伤根,既可使菊株生长受到抑制,又能促发新根,使后期生长健壮。

⑤肥水管理:在立秋前的养护阶段中,不须施用大肥,在换盆前施3~5次淡人、畜粪液和绿肥水即可。如果施肥过早过多,容易造成早发、早衰,既难以控制高度,又会使后期生长不良,影响开花。立秋后追施1次液肥,如浸泡发酵的酱干、豆饼、马蹄片和黄豆液肥等,或追施30%左右的腐熟人粪尿。在浇肥水的同时兼用

叶面喷施,即用0.3%尿素和0.2%磷酸二氢钾混合溶液喷洒叶面,每周1次,直到绽蕾显色为止。但要注意防止肥分过剩,施肥后的第一天和第二天都要回水,即追1次肥水,浇2次净水。多头菊的浇水量要本着晴天多浇、阴天少浇、苗大多浇、苗小少浇的原则灵活掌握。一般浇水宜在早晨进行,晚上浇水容易促使植株拔高。连续阴雨天要防止盆内积水,最好采用遮盖措施,以防菊株徒长。

⑥矮化处理:在培养多头菊的过程中控制菊苗高度是很关键的,一般每周喷洒1次浓度为1%的矮壮素(或比久)溶液,现蕾前30~45天开始喷洒,直到现蕾为止。喷洒时间最好选在傍晚,此时气压低、吸收好、喷洒匀。如用药后恰好在24小时内遇雨,天晴后立即补喷1次。喷洒矮壮素不但能使植株矮化,还可增加叶色。

⑦整形和选蕾:多头菊以株型均衡、叶色正常、花朵大小均匀且花期一致者为上品。要达到这一标准,必须及早调整各枝条的长势,当花枝长到15厘米高时开始褛扎整形。褛扎前要先勒水,使植株稍蔫,以免折断。然后调整好每个枝条的方位并绑缚1根涂上绿漆的细竹竿,绑缚时要注意各枝条要高低一致。摆放时,弱枝应朝南面,壮枝朝北面,以利于各枝条均衡生长,使四面皆有观赏价值。当花蕾有黄豆粒大小时应立即剥侧蕾。个别现蕾过早或长得过大的可剥正蕾而留侧蕾,对小蕾和畸形伤残花蕾应及早剔除。

【病虫害防治】 常见病害有褐斑病、黑斑病、白粉病和根腐病等。均属真菌类,皆因土壤湿度太大、排水和通风透光不良所致。主要须改善生长环境予以预防。盆土宜用1:80福尔马林溶液消毒,生长期可用80%可湿性代森锌液或50%可湿性甲基托布津液喷治。

虫害主要有蚜虫、红蜘蛛、尺蠖、菊虎(菊天牛)、蛴螬、潜叶蛾幼虫、蚱蜢及蜗牛等。可分别通过加强栽培管理、人工捕杀和喷药进行防治。

【应用及配置】 菊花花姿高雅,花色清丽,适用于盆栽观赏。用其点缀室内外阶前、廊架,鲜艳雅致,显得春色常在。如摆放在花坛、花境或制作景点,绚丽夺目的大色块,使人流连忘返。盆菊的花枝用于插瓶、制作花束或花篮,同样能增添娇艳的光彩。

(二)香石竹

别名康乃馨。石竹科,石竹属。

【外观形态】 株高 30~60 厘米,茎簇生、光滑,微具白粉,茎上有膨大的节。叶对生,线状披针形,全缘,基部抱茎,具白粉而呈灰绿色,有较明显的叶脉 3~5 条。花多为单生茎顶,少有数朵簇生者,花色有白、粉、红、紫、黄及杂色,具香味,有单瓣重瓣之分。蒴果,种子黑色。

【生态习性】 喜温暖、较干燥、空气流通及阳光充足的环境,不耐炎热。喜肥,要求排水良好、腐殖质丰富的微酸性、稍黏质土壤。忌连作。

【繁殖方法】 在香石竹切花繁殖中,主要以扦插为主。为了获得脱毒苗,也常用组培法繁殖。

(1)扦插 扦插时间除炎夏外均可进行,但在生产中多以 1~3 月份为多,尤在 1 月下旬至 2 月上旬扦插效果好,成活率高,生长健壮。插穗以植株中部生长健壮的侧芽为好(即第三或第四个侧芽),在顶蕾直径 1 厘米时采取。采芽时要用掰芽法,即手拿插芽顺枝向下拉掉,使插芽基部带有节痕,这样更易成活。采后应立即扦插,或在插前用水将插穗淋湿一下。扦插间距为 1.5~2 厘米,插后立即喷水,覆盖庇荫,室温保持 10℃~13℃,约 20 天便可生根。一般母株每 15 天可采取插芽 1 次。要严格挑选无病害的植株作母株。若有可能,设立母本栽培室,采用绝对无病害的插穗。

(2)组培　近年来香石竹病毒病日益严重,切花生产常用茎尖组织培养得到的脱毒苗。香石竹是较早组织培养成功的花卉之一,现在生产上已广泛应用。

【栽培管理】

(1)种植前的土壤准备　土壤要求为富含有机质而又疏松、肥沃的中性土壤,忌湿涝与连作。种植前施足基肥,选择沤熟的农家肥,每公顷施入量为150立方米。香石竹根系较浅,基肥翻入30厘米土层即可,视情况需要挖好排水沟。连作时,须清除干净残根废枝,土壤深翻并掀棚暴晒5~7天,结合施肥均匀喷施多菌灵1 500倍液消毒。

(2)选苗与定植　选苗是香石竹生产的关键,花苗要求是脱毒扦插苗,而且要苗茎粗壮、色深、根系发育良好。合理密植,株行距15厘米×25厘米,根据地块每垄植苗5~6行,中间留出通道以便操作管理。种苗定植应在清晨或傍晚进行,用表土覆盖根系1厘米厚,周围压实即可。定植完毕即浇透水,随即排放垄内积水,否则种苗易死亡。定植后适当遮荫70%。棚内气温保持在10℃~25℃,白天棚内空气保持流通,湿度适中,经20天左右,花苗成活后进入正常管理。种苗也可自行扦插,选取粗壮的侧芽,向下劈分,带踵部易生根成活;取后应立即沾生根粉扦插,扦插基质以珍珠岩为佳,保持温度20℃,适当遮荫,保持湿度50%以上,约2个月即能生根。

(3)管理　待种苗开始正常生长时,在主茎3~4节处进行摘心,促进侧芽生长。第一次每株留芽4~6个,其余的全部抹去。生长期给予充足的水肥,结合浇水根灌稀释的熟麻渣水,每隔15天喷1次1%磷酸二氢钾溶液。生长期内注意温度和湿度的控制,气温维持在10℃~25℃,空气相对湿度维持在50%。温度和湿度过高或过低,植株会徒长或粗矮,影响切花质量。植株现蕾后,对多余的侧蕾应及时抹去,以免消耗养分,影响主花。切花采摘后,对留在植株上的断枝及时清理修剪,为下一次发芽打好基础,依次循环。第二次留芽可根据植株的生长情况而定。

【病虫害防治】 香石竹在整个生长期内易遭病虫害的侵害。病害主要有叶斑病、枯萎病和病毒病;虫害主要有根结线虫、蚜虫等。病害防治的有效药剂为甲基托布津、波尔多液和代森锰锌等,制成500~1000倍液于发病初期喷施,防治效果较好。虫害主要是防治地下害虫,使用敌敌畏1000倍液进行灌根处理。地上部分的害虫亦可用敌敌畏均匀喷施,能取得较好的效果。

【应用及配置】 香石竹是国际市场上四大切花之一,花色品种丰富,花期长,还是母亲节必用的花卉。矮生种可作为布置花坛的材料。

(三) 芍 药

别名将离、离草、婪尾春、余容。毛茛科,芍药亚科,芍药属。

【外观形态】 株高1米左右。具纺锤形的块根,并于地下茎产生新芽,新芽于早春抽出地面。初出叶红色,茎基部常有鳞片状变形叶,中部复叶二回三出,小叶矩形或披针形,枝梢叶渐小或成单叶。花大且美,有芳香,单生枝顶;花瓣白色、粉色、紫色或红色。花期4~5月份。

【生态习性】 性耐寒,在我国北方都可以露地越冬。土质以深厚的壤土最适宜,以湿润土壤生长最好,但排水必须良好。种花地面积水,尤其是冬季积水很容易使芍药肉质根腐烂,所以低洼地、盐碱地均不宜栽培。芍药性喜肥,圃地要深翻并施足充分腐熟的厩肥,在阳光充足处生长最好。

【繁殖方法】 芍药的繁殖有分株、播种和扦插法,通常以分株繁殖为主。

(1)分株法 分株期以9月下旬至10月上旬为宜。将根株掘起,振落附土,用刀切开,使每个根丛具2~3芽(最好3~5芽),然后将分株根丛栽植在准备好的圃地。如果分株根丛较大(具3~5芽),第二年可能有花,但花朵小,不如摘除使植株生长良好;根丛小的(2~3芽),第二年生长不良或不开花,一般要培养2~5年。

(2)播种法　播种繁殖以种子成熟后采下即播种为宜,越迟播发芽率越低。芍药种子有上胚轴休眠现象,播种后当年秋天生根,翌年春暖后芽才出土。幼苗生长缓慢,有的芽3~4年才可开花,还有5~6年才开花的。

(3)扦插法　可用根插或茎插。根插法是在秋季分株时收集断根,切成5~10厘米长的段,埋插在10~15厘米深的土中即可。茎插法在开花前2周左右,取茎的中间部分带有2个节的插穗,插入沙土中5厘米,要求遮荫并经常浇水,45~60天后即能发根,并形成休眠芽。

【栽培管理】　栽植前宜施以充足的腐熟堆肥、厩肥和骨粉作基肥。浇水和施肥常结合进行,花前30天和花后15天各浇1次水,现蕾后施1次速效性磷肥,可使花开得大而鲜艳。每次浇水施肥后,要及时松土。孕蕾时只保留顶部花蕾,侧枝花蕾均要去除,以集中养分开大花。盆栽芍药忌积水。芍药花期较短,一般为8~10天,天气凉爽或置遮荫处,花期可延续至15天。花谢之后,及时剪去花梗,不使其结籽,以免消耗养分。秋冬之际,可施1次追肥,以利于翌年开花。

【病虫害防治】　芍药常见病害有褐斑病、根腐病等。常见虫害有红蜘蛛、蚜虫等。褐斑病多发生在高温多雨季节,发病时,叶面上先出现淡黄绿色小点,逐步形成圆形小褐斑。可用0.5%等量式波尔多液或65%代森锌800倍液喷洒防治。根腐病主要由排水不良引起,发病后根部腐烂发黑,地上部分因此生长不好。可用60°白酒搽洗根部后重新栽植。发现红蜘蛛和蚜虫等害虫,可用1.8%虫螨克乳油4 000~6 000倍液或10%灭多威可溶性粉剂1 000倍液进行喷洒防治。

【应用及配置】 芍药花大、艳丽,品种丰富,在园林中常成片种植形成专类园,花开时十分壮观,是城市公园、街道绿化的主要花卉。又是国际上重要的切花,作插花、花篮等多种装饰之用。

(四)鸢 尾

别名蓝蝴蝶、紫罗兰、扁竹花。鸢尾科,鸢尾属。

【外观形态】 株高30~50厘米。根状茎匍匐多节,粗而节间短,浅黄色。叶为渐尖状剑形,宽2~4厘米、长30~45厘米,质薄,淡绿色,呈二纵列交互排列,基部互相包叠。春至初夏开花,总状花序,着花2~3朵;花蝶形,花冠蓝紫色或紫白色,花径约10厘米;外侧3枚较大,圆形下垂,故成为垂瓣;内侧3枚较小,倒圆形,通常直立,称为旗瓣;外侧花被有深紫色斑点,中央常有一行鸡冠状白色带紫色纹突起,花出叶丛,有蓝、紫、黄、白、淡红等色,花型大而美丽,变种有白花鸢尾。花期4~6月份。蒴果长椭圆形,有6棱,果期6~8月份。

【生态习性】 耐寒性较强,喜阳光充足、气候凉爽,亦耐半阴环境。根据种和品种不同按习性可分为3类:①要求适度湿润、排水良好并富含腐殖质、略带碱性的黏性土壤;②生于沼泽土壤或浅水层中;③生于浅水中。

【繁殖方法】 鸢尾的栽培常结合繁殖进行。繁殖可用分株和播种2种方法。分株在早春或晚秋进行。露地栽培的要先做好种植床,施用豆饼肥或厩肥作为基肥。枯枝和老根先要剪去,再将根基分割开来,每根茎留2~3个芽。种植密度每平方米9~15株,栽植深度以不露芽茎根基为度。栽完浇1次透水,以后经常松土除草,若长势不佳应追肥2~3次。花后要剪除花茎,以节约养分;入冬后须剪除枯叶。盆栽作法相同,但入冬时应移入温室越冬,不需特别加温。

【病虫害防治】 主要病害有锈病和软腐病。锈病发病初期可用25%粉锈宁400倍液防治,软腐病可用1:1:100波尔多液防治。虫害有蚀夜蛾,可用90%晶体敌百虫1 200倍液灌根防治。

【应用及配置】 鸢尾花大新奇,花色绚丽,鲜艳夺目;叶片像挺拔的利剑,颇具观赏价值,用于装饰花坛、长廊、亭边、池畔、假山、庭院都十分适宜。也是世界著名的切花。

(五)鹤望兰

别名极乐鸟花、天堂鸟。芭蕉科,鹤望兰属。

【外观形态】 肉质根粗壮,茎不明显。叶大似芭蕉,对生、两侧排列,有长柄。花茎顶生或生于叶腋间,高于叶片,花形独特,佛焰苞紫色,花萼橙黄色,花瓣天蓝色。秋、冬开花,花期长达100天以上。

【生态习性】 喜温暖、湿润气候,怕霜雪。南方可露地栽培,长江流域可大棚或日光温室栽培。生长适温,3~10月份为18℃~24℃,10月份至翌年3月份为13℃~18℃。白天20℃~22℃、夜间10℃~13℃对其生长更为有利。冬季温度不低于5℃。

【繁殖方法】 常用播种法和分株法繁殖。也可用组织培养法繁殖。

(1)播种繁殖 经人工授粉,需80~100天种子才能成熟。成熟种子应立即播种,发芽率高。播种前种子用温水浸种4~5天,再用5%新洁尔灭1 000倍液消毒5分钟。发芽适温为25℃~30℃,播后15~20天发芽。若播种温度不稳定,会造成发芽不整齐或发芽后幼苗腐烂死亡。种子发芽后半年形成小苗,栽培4~5年、具9~10枚成熟叶片时才能开花。

(2)分株繁殖 于早春换盆时进行。将植株从盆内托出,用利刀从根茎空隙处劈开,伤口涂以草木灰以防腐烂。用于盆栽每丛分株不少于8~10枚叶片;大棚或温室栽培,每丛分株叶不少于5~6枚。栽后放在半阴处养护,当年秋、冬季就能开花。

第五章 宿根花卉

(3)组织培养法繁殖 外植体用叶柄或短缩茎,还可用顶芽、花序轴和茎节。

【栽培管理】 盆栽鹤望兰,需用疏松肥沃的培养土、腐叶土加少量粗沙。盆底多垫粗瓦片,以利于排水,有利于肉质根的生长发育。栽植时不宜过深,以不见肉质根为准,否则影响新芽萌发。夏季生长期和秋、冬季开花期需充足水分,早春开花后适当减少浇水量。生长期每15天施肥1次,特别在长出新叶时要及时追肥,因为新叶多才会花枝多。当形成花茎至盛花期,喷施2~3次磷肥。花谢后如不需留种,花茎应立即剪除,以减少养分消耗。冬季要清除断叶和枯叶,这样可以每年花开不断。成型的鹤望兰每2~3年换盆1次。

【病虫害防治】 大棚或室内栽培时,如空气不畅通,易发生介壳虫为害,可用40%乐果乳油1 000倍液喷杀。夏季高温,鹤望兰叶片边缘常出现枯黄现象,大多数是由于空气干燥原因所引起的生理性病害,少数是叶斑病,用65%代森锌可湿性粉剂600倍液喷洒防治。鹤望兰易患根腐病,要注意土壤消毒和控制浇水,发病后应清除烂根并烧毁,在穴内撒上石灰消毒。

【应用及配置】 盆栽鹤望兰摆放宾馆、接待大厅和大型会议会场,具清新、高雅之美。在南方可丛植院角,点缀花坛中心,同样景观效果极佳。亦为重要切花。

(六)大花君子兰

别名大叶石蒜、达木兰、剑叶石蒜、上花君子兰。石蒜科,君子兰属。

【外观形态】 株高30~40厘米,根呈肉质。叶深绿油亮互生,呈宽带状,叶脉较清晰。花葶从叶丛中抽出、直立,每个花葶上着生1~4簇伞房花序,数朵小花聚生排列;花萼开张6瓣,呈漏斗形,每个花序有小花7~30朵,花色由黄色至橘黄色。浆果球形,初绿色后红色。

【生态习性】　君子兰性喜温暖凉爽的环境,不耐寒,忌高温酷暑,生长适温为20℃~25℃,冬季室温低于5℃时生长就会受到抑制。怕日光暴晒,喜半阴。夏季高温时则处于半休眠状态。对土壤要求严格,通气透水是关键,否则肉质须根容易腐烂。以疏松并富含腐殖质的土壤为好,尤以泥炭为最佳,忌盐碱。在栽培过程中要注意水分的控制,在干旱季节,要经常喷水,以免空气过于干燥,使叶缘干萎。浇水要适量,积水容易烂根,造成死亡。光照与君子兰的生长发育关系密切。君子兰属于中光性植物,怕日光暴晒,喜半阴,生长过程中不需强光,尤其是夏季,切忌阳光直射。强光照射会缩短花期,影响观赏价值;弱光照则可延长花期。冬季缩短光照,花期可提早。

【繁殖方法】　有播种繁殖和营养繁殖2种方法。

(1)播种繁殖　君子兰为异花授粉植物,为了促进结实,应人工授粉。当种子果皮由绿色逐渐变红色或褐红色时,才基本成熟。外界环境直接影响种子的寿命,尤其是温度和湿度。君子兰种子经1个多小时45℃~50℃的高温,大部分种子就将失去发芽力。种子贮藏的适宜温度为20℃,在30℃~35℃条件下可以短期贮藏。君子兰种子发芽缓慢,从播种到长出胚芽鞘,通常要40~45天。有条件的地方,在播种前进行适当处理,可促进种子迅速萌发。常用的处理方法:一是浸种处理。将种子浸于40℃的热水中24~36小时,可将胚根生出提前20天左右。二是用10%磷酸钠溶液浸泡20分钟,取出后洗净,置于相同温度的水中浸泡24小时后,播于室温20℃~25℃、空气相对湿度85%的培养箱中,最快6天就能萌发胚根。播种用的基质可用锯木屑、河沙、泥炭等,pH值5.5~6.5为好。播种时间随地域不同而异,只要气温能保持20℃~25℃(最高不超过30℃)均可进行。根据我国的气候特点,可春播、秋播和冬播,其中以春播最为普遍,清明前后最佳。南方宜早,北方宜迟。秋播主要利用早熟的果实随采随播,最佳时间在处暑和白露之间。冬播多在北方有取暖设备的地区进行。君子兰种子萌发后,大约经过45天时间,当真叶从芽鞘中露出时,即可第一次移植;当植株长到2枚真叶时即可定植,每盆1株。

(2)营养繁殖 最常用的营养繁殖是分株,即把君子兰假鳞茎和根部连接处发出的腋芽(又称吸芽)从母体上切离进行培养。分株的时间随各地条件不同而异,只要气温稳定在20℃左右都可进行。因此,温室中一年四季都可进行。而在长江流域及其以南地区,以谷雨前为宜;秋季也可分株,一般在白露和秋分之间进行。

【栽培管理】 生长期间和花期要保持湿润,夏季要喷叶面水,忌过度水湿和排水不良。一般室内空气湿润即可。在北方,君子兰休眠期8~9月份,在此期间要减少浇水。忌水涝,注意见干见湿。越冬温度为5℃~8℃,0℃以下易遭受冻害,5℃以下生长受到抑制。生长适温15℃~25℃,温度过高(30℃以上)植株会发生徒长。喜半阴,怕强烈直射光,夏季要遮荫,每天至少要放在光线明亮的东、南、西窗前4小时。栽培过程中,除严格控制水分、光照、温度外,每20天追施1次氮肥,常用腐熟饼肥水。追肥时要注意不接触叶片,以免烧伤叶片。当君子兰开花前,加施1次骨粉或过磷酸钙,可使花色鲜艳、花朵增大。栽培管理得当,可每年开花1次甚至2次。4~5月间花朵凋谢后需要换盆。换盆时轻轻地把陈腐叶土扒除,注意勿碰断肉质根,选择适中盆钵,及时栽上,盆底多放碎瓦片,以利于排水。

【病虫害防治】 君子兰抗性较强,一般不易患病,但在高温高湿条件下易通过伤口感染细菌性软腐病。虫害有吹绵蚧、红圆蚧,可喷洒90%晶体敌百虫1 000倍液杀除。但须注意,防止君子兰害虫时,不可使用666粉和乐果农药,否则易发生药害。

【应用及配置】 君子兰株型端庄,叶片宽厚而有序,花形规整,花色鲜艳,果实美观,且在早春开花,是重要的节庆花卉。可陈设于客厅、书房,置于几架之上。

(七)玉　簪

别名玉春棒、白鹤花、玉泡花、白玉簪。百合科,玉簪属。

【外观形态】　株高约40厘米。叶基生,呈丛状,具长柄;叶片卵形至心状卵形,基部心形,具弧状脉。顶生总状花序,花葶高出叶片,着花9~15朵,每花被1苞片;花白色,管状漏斗形,花径宽2.5~3.5厘米、长约13厘米,裂片6枚短于筒部,雄蕊6枚,花柱极长。花期6~8月份,芳香袭人。蒴果三棱状,圆柱形。

【生态习性】　性强健,耐寒冷,性喜阴湿环境,不耐强烈日光照射。要求土层深厚、排水良好且肥沃的沙质壤土。

【繁殖方法】　玉簪的繁殖以分株法最为适宜、方便。露地栽培的,可在4月间将植株挖起,从根部将母株分成3~5株,然后再分别进行地栽。栽前应先选好背阳地块把土翻耕耙松,掺入腐熟的堆肥或厩肥与土充分混合,耙平后做成高畦,再把植株栽上,株行距为30厘米×40厘米,栽完后浇透水。

【栽培管理】　玉簪的栽植地点必须选择无阳光直晒的阴处,夏季要特别注意避开烈日或进行遮荫。在生长期中,施腐熟稀薄肥2~3次,可生长得健壮旺盛,夏末秋初即可开花。冬季应把植株上部的枯叶剪除,根部覆盖细土,以防受冻。盆栽的玉簪在冬季休眠期可放置在室内无阳光处,温度以2℃~3℃为宜,且要保持盆土湿润。但须注意,不可使盆土中含过多的水分,防止腐烂。翌年4月份移至室外后,仍宜选择荫蔽处加以养护。

【病虫害防治】　玉簪易受蜗牛为害,有症状呈现时,可使用杀螺剂,如70%杀螺胺可湿性粉剂,选晴天撒施或条施效果较好。

【应用及配置】　玉簪为极佳的阴生植物,在园林中可用于树下作为地被植物,或植于岩石园或建筑物北侧,也可盆栽观赏或作切花之用。

第五章 宿根花卉

(八)非洲菊

别名扶郎花、灯盏花。菊科,大丁草属。

【外观形态】 株高30~45厘米。叶基生,叶柄长;叶片长圆状匙形,羽状浅裂或深裂。头状花序单生,高出叶面20~40厘米;花径10~12厘米,总苞盘状、钟形,舌状花瓣1~2枚或多轮呈重瓣状;花色有大红、橙红、淡红、黄色等。通常四季有花,以春、秋两季最盛。

【生态习性】 原产非洲南部。性喜温暖、阳光充足、空气流通的环境。20℃~25℃为理想生长温度。适生于疏松、肥沃、透气良好的微酸性的沙质土壤中。非洲菊的生长与光照关系密切。光照不足,则长势瘦弱、花小而色淡。当气温在12℃~15℃时,植株进入休眠期;低于7℃时,就会停止生长。

【繁殖方法】 多采用组织培养快繁。也可采用分株法繁殖,每个4~5年生母株可分出5~6个株丛。播种繁殖用于矮生盆栽型品种或育种。

【栽培管理】 应用栽培设施,尽量满足非洲菊苗期、生长期和开花期对温度的要求,以利其正常生长和开花。我国除华南地区外,均不能露地越冬,需进行温室栽培。长江流域以外可用不加温的大棚栽培。在夏季,棚顶需覆盖遮阳网,并掀开大棚两侧塑料薄膜降温。冬季外界夜温接近0℃时,封紧塑料棚膜,棚内一定要增盖塑料薄膜。遇晴暖天气,中午揭开大棚南端薄膜通风约1小时。设施栽培常采用人工基质,可明显提高非洲菊的产量和质量。基质参考配方是:腐殖质5份,珍珠岩2份,泥炭3份。但此法生产成本相对较高。大田栽植时,应选择具有25厘米以上深厚土层的壤土进行定植。定植前应施足基肥,一般每667平方米施有机肥5 000千克、鸡粪600千克、过磷酸钙100千克、草木灰300千克,有机肥要充分腐熟。所有肥料要和定植床的土壤充分混匀翻耕,做成一垄一沟形式,垄宽40厘米,沟宽30厘米,植株定植于垄上,双行交错栽植,株距25厘米。栽植时应注意将根颈部位略显露于土壤外,防止根基腐烂。定植后在沟内灌水。苗期应保持适当湿润并蹲苗,促进根系发育,迅速成苗。生长旺盛期应保持供水充足,夏季每3~4天浇1次水,冬季约15天浇1次水。花期灌水要注意不要使叶丛中心沾水,防止花芽腐烂。露地栽培要注意防涝。另外,灌水时可结合施肥。非洲菊为喜肥宿根花卉,对肥料需求大,施肥时氮、磷、钾的比例为15:18:25。追肥时应特别注意补充钾肥。一般每667平方米施硝酸钾2.5千克,硝酸铵或磷酸铵1.2千克。春、秋季每5~6天追肥1次,冬、夏季每10天1次。若高温或偏低温引起植株半休眠状态,则停止施肥。非洲菊基生叶丛下部叶片易枯黄衰老,应及时清除,既有利于新叶与新花芽的萌生,又有利于通风,增强植株长势。

【病虫害防治】 非洲菊的主要病害有叶斑病、白粉病、病毒病。叶斑病可用70%甲基托布津可湿性粉剂800~1 000倍液或50%多菌灵可湿性粉剂500倍液喷施。白粉病可用70%甲基托布津1 500倍液或75%粉锈宁可湿性粉剂1 000~1 200倍液进行防治,每7~10天喷施1次,连续喷2~3次。病毒病防治应把好植物检疫关,并及时防治蚜虫,减少病毒病的传播,发现病株及时清除并销毁。非洲菊虫害主要有跗线螨、棉铃虫、烟青虫、甜菜叶蛾、蚜虫等。跗线螨可用15%扫螨净乳油3 000倍液进行防治。其他害虫可用2.5%溴氰菊酯1 000~1 500倍液进行防治,通常8~9天喷施1次,但喷药对花色有不利影响,花期不宜施用。

【应用及配置】 非洲菊花朵硕大,花枝挺拔,花色艳丽,切花产量高,瓶插时间长达15~20天,栽培省工省时,为世界著名切花之一。矮生种可布置花坛、花境或温室盆栽作为厅堂、会场等装饰摆放。

第五章 宿根花卉

(九)火鹤花

别名花烛、红掌、红鹤芋。天南星科,花烛属。

【外观形态】 植株高 30～50 厘米。叶互生,长心形或椭圆形,长 20～30 厘米、宽 8～12 厘米,革质全缘;腹面深绿色、有光泽,背面浅绿色,幼叶浅绿色或紫红色;叶柄细长,叶枕膨大。花单生于叶腋间,花葶高出叶面,长 20～50 厘米,质硬;佛焰苞长心形或长卵形,长 5～15 厘米、宽 4～12 厘米,肉质,表面光滑或皱褶,富有金属光泽,花色有红色、深红色、粉红色、绿色等;肉穗花序长 4～7 厘米,红色、黄色或绿色。

【生态习性】 性喜温热多湿而又排水良好的环境,怕干旱和强光暴晒。其生长适温 23℃～28℃。所能忍受的最高温为 35℃,可忍受的低温为 14℃。光强以 16 000～20 000 勒为宜,空气相对湿度以 70%～80% 为佳。

【繁殖方法】 主要采用播种、分株和组培法繁殖。

(1)播种繁殖 由于自然授粉不良,如需采种应选择优良母株进行人工授粉,授粉后 8～9 个月种子成熟。种子应随采随播,播种时株距 1 厘米,不必覆土,播种后遮荫保湿,保持地温 25℃,约 3 周可发芽,展叶后移栽到育苗盆中。实生苗生长 3～4 年开花。

(2)分株繁殖 分株可直接将成年植株根颈部蘖芽分割。对大型母株可先将分株部位切伤,用湿藓包裹,待发芽后分切。对生长较弱的母株,可先将老茎上的叶片摘除,然后用轻基质包埋保湿,操作时保护好休眠芽,保持地温 25℃～35℃,待新根和新叶萌发后分切。

(3)组织培养 以叶片或幼嫩叶柄为外植体,接种后 20～30 天形成愈伤组织,愈伤组织到不定芽的分化需 30～60 天。种植后第三年才能开花。

【栽培管理】 4 月底自温室出圃后应置于荫棚下,并经常用水喷洒周围地面及幼苗叶面。浇水要干湿相间,夏季切忌浇水过多,以免根基部腐烂。10月份移入温室内,此时可保持盆土稍干些,宜经常用水喷洒植株叶面,保持空气湿润。空气相对湿度应在60%以上。生长期可每隔15天施稀液肥1次,也可用磷酸二氢钾进行叶面施肥(浓度宜低,坚持少量多次原则)。火鹤花喜半阴,怕强光,故春、夏、秋三季注意适当遮荫,夏季需遮去60%的阳光。炎热季节最好将花盆放在盛有湿沙土的沙盘上养护。冬季放室内南窗附近培养,不需遮光。为保持较高的湿度,每天要向植株叶面上喷水2~3次,同时向地面上洒水。一般每隔1~2年于早春3~4月份换1次盆。

【病虫害防治】 常见的病害有炭疽病、疫病、根腐病等。虫害有线虫、蚜虫、红蜘蛛等。可通过基质消毒、加强通风、药剂控制等方法防治。如出现病株应及时摘除病叶或整株清除,以减少传染。

【应用及配置】 火鹤花花朵独特,色泽鲜艳华丽,色彩丰富,花期长,切花水养可长达1个月,切叶可作插花的配叶。常作盆栽,盆栽单花期可长达4~6个月。

二、室内宿根观叶植物

(一)吊 兰

别名盆草、钩兰、桂兰、挂兰、折鹤兰。百合科,吊兰属。

【外观形态】 叶基生,宽线形,宽1~2厘米、长30厘米左右,绿色。银边吊兰叶片边缘为白色,金边吊兰叶片边缘为淡黄色,金心吊兰叶片中部有淡黄色条斑。吊兰花梗细长,超出叶上,花梗弯曲,先端着花1~6朵。总状花序,花小、白色,花被2轮共6片,雄蕊6枚,子房绿色。花期6~8月份。

【生态习性】 喜温暖湿润和半阴环境,不耐寒。对土壤要求不严,喜疏松肥沃的砂壤土。

【繁殖方法】 可用扦插、分株、播种等方法进行繁殖。

(1)扦插繁殖 从春季到秋季可随时进行。吊兰适应性强,成活率高,一般很容易繁殖。扦插时,只要取长有新芽的走茎5~10厘米插入土中,约1周即可生根,20天左右可移栽上盆,浇透水放阴凉处养护。

(2)分株繁殖 分株时,可将吊兰植株从盆内托出,除去陈土和朽根,将老根切开,使分割开的植株上留有3个茎,然后分别移栽培养。也可剪取吊兰走茎上的簇生茎叶(实际上就是一棵完整的植株幼体,上有叶,下有气根),直接将其栽入花盆内培植即可。

(3)播种繁殖 可于每年3月份进行。因其种子颗粒较小,播下种子后上面的覆土不宜厚,一般0.5厘米即可。在气温15℃情况下,种子约2周萌芽,待苗棵成形后移栽培养。

【栽培管理】 吊兰喜温暖湿润的环境条件,不耐寒也不耐暑热。生长适温为20℃~24℃,此时生长最快,也易抽生茎叶。30℃以上停止生长,叶片常常发黄干尖。冬季室温保持12℃以上,植株可正常生长、抽叶开花;若温度过低,则生长迟缓或休眠;低于5℃,则易发生寒害。

吊兰耐阴性强,通常置半阴处生长。夏季要避免强光直射,以免导致叶片枯焦,甚至死亡。秋末应入温室,放于光线较强的地方,防止光照不足,否则叶片瘦弱,叶色变成淡绿色或黄绿色,使花叶品种的花纹不鲜明。

浇水应以盆土经常保持湿润为原则。盆土过干,则叶尖发黑;盆土长期过湿,易造成烂根脱叶。吊兰喜空气湿润,在空气干燥地区一年四季都需要经常用清水喷洒叶面,以保持叶面干净及增加周围空气湿度,以利于光合作用的进行,对增加叶片和花葶生长均有明显效果。一般每周喷水3~5次,每次喷水以喷湿叶片为宜。如果冬季将吊兰莳养在有取暖设备的房间里,则应每隔2~3天用清水把枝叶喷洗1次,以保叶面湿润洁净。

生长旺季每7~10天施1次以氮肥为主的稀薄花肥或饼肥水,施肥宜淡不宜浓。施液肥时要把叶片撩起,以免液肥溅到叶面上灼伤叶片。每次施肥后最好用清水喷洒清洗叶面。

盆土最好用保水力强的酸性腐叶土,可用腐叶土3份、园土4份、沙土3份混合的培养土。吊兰肉质根生长较快,每年应换盆1次,去除干枯腐烂及多余根系。4~5年更新1次。

吊兰也可水养。将植株从盆中倒出,冲洗干净根部泥土,放入透明容器中固定,每周换水1次,溶液中可加入少量磷酸二氢钾。水养吊兰,既可观叶,又能赏根,一举两得。

【病虫害防治】 吊兰病虫害较少,主要有生理性病害,叶先端发黄,应加强肥水管理。经常检查,及时抹除叶上的介壳虫、粉虱等。

【应用及配置】 吊兰枝叶蔓生,作吊盆栽培,悬挂于门厅、窗口或室内的案几之上,很有生气和韵味。

(二)文 竹

别名云片竹、云竹、芦笋草、松山草。百合科,天门冬属。

【外观形态】 文竹为蔓生性多年生草本植物。茎柔嫩伸长,具有攀援性。根部稍肉质。叶状枝纤细而簇生,形如羽毛,水平开展。叶长3~5毫米,6~12枚簇生,圆柱形,呈刺状鳞片。花小,两性,白色,花期2~3月份或6~7月份。浆果球形,紫黑色。

【生态习性】 性喜温暖、湿润。土壤要求通气、排水良好。忌涝,耐寒,宜半阴,忌直射阳光。

【繁殖方法】 可用播种和分株法繁殖。种子12月份至翌年4月份陆续成熟,成熟的浆果为紫红色。当果实变色时及时采收种子,并将种皮除去、晒干。然后播于河沙和腐叶土等量混合的基质上,覆土不宜太厚,浇透水,保持湿润。在温度20℃~30℃时1

个月左右即可发芽。当苗高 5 厘米以上时即可移栽入小盆。一般三至五年生的植株生长较茂密,可进行分株繁殖。分株一般在春季进行,用利刀顺势将丛生的茎和根分成 2~3 丛,每丛含有 3~5 个芽,然后分别栽植上盆。分株时尽量少伤根系,分株后注意保湿和遮荫。

【栽培管理】 文竹盆栽常用腐叶土 1 份、园土 2 份和河沙 1 份混合作为基质,种植时加少量腐熟畜粪作基肥。其栽培管理中最关键的是浇水问题。如浇水过多,容易引起根部腐烂,叶黄脱落;如浇水过少、盆土太干,则容易导致叶尖发黄,叶片脱落。所以平时要适当掌握浇水量,做到不干不浇、浇则浇透,经常保持盆土湿润。炎热天气除盆土浇水外,还须经常向叶面喷水,以提高空气湿度;入冬后可适当减少浇水量。在生长期,每月施稀薄液肥 1~2 次。忌施浓肥,否则会引起枝叶发黄。当植株定型后可减少施肥量,以免徒长而影响株型美观,并注意适量修剪整形。文竹适宜在半阴、通风环境下生长,要注意适当遮荫,尤其夏、秋季要避免烈日直射,以免叶片枯黄。在室内栽培置于有一定漫射光处较佳。

【应用及配置】 文竹可配以精致小型盆钵,置于茶几、书桌上,或与山石相配而制作盆景。其枝叶还可以作为切花、插花的衬叶材料。

(三)孔雀竹芋

别名花叶竹芋。竹芋科,竹芋属。

【外观形态】 株高可达 60 厘米,具根茎。长而窄的矛状叶直接从根部长出,植株呈丛状。叶片为银绿色,从中脉放射出深绿色斑点,背面有同样形状的褐红色斑。

【生态习性】 性喜半阴和高温多湿环境。不耐寒,生长适温为 20℃~30℃,超过 35℃或低于 7℃均生长不良。越冬温度不可偏低,否则叶片易卷曲。要求土壤疏松、富含腐殖质且排水良好。

【繁殖方法】 常用分株法繁殖。一般春末夏初气温20℃左右时结合换盆换土进行。气温太低时分株容易伤根,影响成活或使其生长衰弱。分株时将母株从盆内扣出,除去宿土,用利刀沿地下根茎生长方向将生长茂密的植株分切,使每丛带有2~3个芽和健壮根。分切后立即上盆,充分浇水,置于阴凉处,1周后逐渐移至光线较好处。初期宜控制水分,待发新根后可充分浇水。

【栽培管理】 盆栽宜用疏松、肥沃、排水良好、富含腐殖质的微酸性壤土,一般可用腐叶土3份、泥炭或锯末1份、沙1份混合配制,并加少量豆饼作基肥,忌用黏重的园土。上盆时盆底先垫上3厘米厚的粗沙作排水层,以利于排水。

生长期要给予充足的水分。尤其夏、秋季除经常保持盆土湿润外,还须经常向叶面喷水,以降温保湿;要求较高的空气湿度,最好能达到70%~80%;忌空气干燥、盆土发干,但不能积水。秋末后应控制水分,以利其抗寒越冬。冬季保持干燥的环境,过湿则基部叶片萎黄枯焦,影响其观赏价值。

5~9月份生长季要置于荫蔽或半阴处,保持40%~50%的透光率。避免烈日直射,光照过强或空气干燥容易造成叶缘叶尖枯焦、叶面斑纹暗淡无光;但光线也不宜太弱,若长时期放在阴暗室内,温度低、光照不足,也会长势衰弱,不利于叶色形成,失去叶面特有的金属光泽。冬季可接受直射阳光。

【病虫害防治】 病虫害较少,但如果通风不良、空气干燥,也会发生介壳虫为害,应以40%杀扑磷乳油1000倍液喷洒防治。

【应用及配置】 孔雀竹芋色彩清新、华丽、柔和,生长茂密,又具耐阴能力,是理想的室内绿化植物。既可以供单株欣赏,也可成行栽植为地被植物。

(四)铁线蕨

别名水猪毛七、美人发、铁线草。铁线蕨科,铁线蕨属。

【外观形态】 株高15~40厘米。根状茎横走,黄褐色,密被条形或披针形淡褐色鳞片,长10~25厘米、宽8~16厘米,中部以下为二回羽状复叶;羽片互生,小羽片斜扇形,基部阔楔形,边缘浅裂至深裂,孢子囊群生于变形裂片顶端反折的肾形至短圆形的囊群盖上。叶柄细长而坚硬,似铁线。叶脉扇状分叉,深绿色。孢子囊群生于羽片的顶端。

【生态习性】 性喜半阴环境,怕阳光直射。喜疏松透水、肥沃的石灰质砂壤土。

【繁殖方法】 以分株繁殖为主。分株宜在春季新芽尚未萌发前结合换盆进行。将长满盆的植株从盆中扣出来,去掉大部分旧土,切断其根状茎,分成2丛至数丛,分别盆栽。另外,铁线蕨的孢子成熟后散落在温暖湿润环境中自行繁殖生长,待其长到一定高度时也可盆栽。

【栽培管理】 盆栽时培养土可用壤土、腐叶土和河沙等量混合而成。生长期每周施1次液肥。注意经常保持盆土湿润和较高的空气湿度。在气候干燥的季节,可经常在植株周围地面洒水,以提高空气湿度。铁线蕨喜明亮的散射光,忌阳光直射。光线太强,叶片枯黄甚至死亡。铁线蕨喜温暖又耐寒,生长适温为13℃~22℃,冬季越冬温度为5℃。

【病虫害防治】 病害主要是叶斑病。发现病株要立即隔离喷药,或剪除并集中焚烧,同时对健株要喷药保护。可选用50%多菌灵1 000倍液、50%甲基托布津1 000倍液、200倍波尔多液等药剂喷施防治。虫害以介壳虫、粉蚧和螨类为主。可选用40%杀扑磷乳油1 000倍液、73%克螨特乳油2 000倍液、10%灭多威可溶性粉剂1 000倍液喷雾防治。

【应用及配置】 铁线蕨茎叶秀丽多姿,形态优美,株型小巧,极适合盆栽和点缀山石盆景。盆栽可置于案头、茶几上,或布置背阴房间的窗台、过道或客厅,能够较长期供人观赏。铁线蕨叶片还是良好的切叶材料及制作干花的材料。

(五)花叶万年青

别名黛粉叶。天南星科,花叶万年青属。

【外观形态】 株高可达1.5米,茎秆粗壮,多肉质。叶片大而光亮,着生于茎干上部,椭圆状卵圆形或宽披针形,先端渐尖,全缘,长20~50厘米、宽5~15厘米;宽大的叶片两面深绿色,其上镶嵌着密集、不规则的白色、乳白色、淡黄色等色彩不一的斑点、斑纹或斑块;叶鞘近中部下具叶柄。花梗由叶梢中抽出,短于叶柄,花单性,肉穗花序生于茎端叶腋间,很少开花。

【生态习性】 喜高温高湿和半阴的环境。怕寒冷,忌烈日。适生于肥沃、保水、透气性好的酸性土壤中。

【繁殖方法】 常用分株、扦插法繁殖,但以扦插为主。有时可采用播种繁殖,大规模繁殖常采用组织培养。

(1)分株繁殖 可利用基部的萌蘖进行分株繁殖,一般在春季结合换盆进行。操作时将植株从盆内托出,将茎基部的根茎切断,涂以草木灰以防腐烂。或稍放半天,待切口干燥后再盆栽。浇透水,但栽后浇水不宜过多。经10天左右能恢复生长。

(2)扦插繁殖 以7~8月份高温期扦插最好。剪取茎的顶端7~10厘米茎段,切除部分叶片,减少水分蒸发。切口用草木灰或硫黄粉涂敷,插于沙床或用水苔包扎切口,保持较高的空气湿度,置半阴处,日照50%~60%,在室温24℃~30℃条件下,插后15~25天生根,待茎段上萌发新芽后移栽上盆。也可将老茎截成具有3节的茎段,1/3插入土中或横埋土中诱导生根长芽。

花叶万年青的汁液有毒,扦插操作时不要使汁液接触皮肤,更要注意不沾入口内,否则会使人皮肤发痒疼痛或出现其他中毒现象,操作完后要用肥皂洗手。

第五章 宿根花卉

【栽培管理】

(1)温度 花叶万年青的生长适温为25℃~30℃,白天温度在30℃、夜间温度在25℃效果好。可生长温度范围,2~9月份为18℃~30℃,9月份至翌年2月份为13℃~18℃。由于它很不耐寒,10月中旬就要移入温室内。如果冬季温度低于10℃,叶片易受冻害。特别是冬季温度低于10℃、加之浇水过多,还会引起落叶和茎顶溃烂。如果低温引起植株落叶、但茎部未烂时,待温度回升后仍能长出新叶。

(2)水分 花叶万年青喜湿怕干,盆土要保持湿润,在生长期应充分浇水,并向花的周围喷水,向植株喷雾。如久不喷水,则叶面粗糙,失去光泽。夏季保持空气湿度60%~70%,冬季在40%左右。土壤湿度以干湿有序最适宜。夏季应多浇水;冬季需控制浇水,否则盆土过湿,根部易腐烂,叶片变黄枯萎。放在室内观赏的,要常用软布擦洗叶面,保持叶片清洁,使之亮艳生辉。

(3)光照 花叶万年青耐阴怕晒。光线过强,叶面变得粗糙,叶缘和叶尖易枯焦,甚至大面积灼伤;光线过弱,会使黄白色斑块的颜色变绿或褪色。以明亮的散射光下生长最好,叶色鲜明更美。日照40%~60%生育最理想。春、秋季除早晨和傍晚可见阳光外,中午前后及夏季都要遮荫。绿叶多的品种较耐阴耐寒;而乳白色斑纹愈多的品种,由于缺乏叶绿素,应特别注意光线要明亮些,低温时特别注意保温。

(4)栽培基质 花叶万年青的栽培土壤以肥沃、疏松和排水良好、富含有机质的壤土为宜。盆栽土壤用腐叶土和粗沙等混合,如用腐叶土2份、锯末或泥炭1份、沙1份混合。盆栽常用15~20厘米口径的盆。盆栽植株生长1~2年后,基部的萌蘖较多,可结合换盆进行分株繁殖。如植株生长较高,可留基部2~3节剪除地上部,留下的茎节仍可萌芽发枝,保持较好株型。

(5)施肥 花叶万年青6~9月份为生长旺盛期,须每隔10天施 1 次饼肥水；入秋后可增施 2 次磷、钾肥。春至秋季间每 1～2 个月施用 1 次氮肥能促进叶色富有光泽。室温低于 15℃以下，则停止施肥。

【病虫害防治】 主要有细菌性叶斑病、褐斑病和炭疽病等，可用 50% 多菌灵可湿性粉剂 500 倍液喷洒防治。有时发生根腐病和茎腐病，除注意通风和减少湿度外，可用 75% 百菌清可湿性粉剂 800 倍液喷洒防治。

【应用及配置】 花叶万年青叶片宽大、黄绿色，有白色或黄白色密集的不规则斑点。盆栽适合作室内、厅堂的绿化和装饰。

思 考 题

1. 常见宿根花卉主要有哪几种？
2. 室内宿根观叶植物主要有哪几种？
3. 简述上述各种花卉的繁殖、栽培要点和应用配置方法。
4. 简述上述各种花卉的病虫害种类及防治措施。
5. 在宿根花卉中哪些可用作花坛用花？哪些可用作切花？各举 3 个例子。
6. 在宿根花卉中哪些花卉可在国庆期间开花？

第六章 球根花卉

一、露地球根花卉

(一) 唐菖蒲

别名菖兰、剑兰。鸢尾科,唐菖蒲属。

【外观形态】 株高90～150厘米,茎粗壮直立,无分枝或少有分枝,茎基部扁圆形球茎。叶剑形,基生,呈抱合状2列,灰绿色,7～8片叶嵌叠状排列。花茎高出叶上,蝎尾状、穗状花序着花12～24朵排成2列,侧向一边;花冠筒呈膨大的漏斗形,稍向上弯,花径12～16厘米;花色有红、黄、白、紫、蓝等深浅不同颜色或具复色品种。花期夏、秋季。蒴果3室、背裂,内含种子15～70粒。种子深褐色,扁平有翅。

【生态习性】 唐菖蒲为喜光性长日照植物,忌寒冻。夏季喜凉爽气候,不耐过度炎热,球茎在4℃～5℃条件下即萌动,20℃～25℃生长最好。性喜肥沃深厚的沙质土壤,要求排水良好。不宜在黏重土壤栽种。在东北、华北地区夏季生长均较广州、上海为好。在上海冬季可在露地安全过冬,北方则需挖出球茎适温贮藏。

【繁殖方法】 以分球繁殖为主,亦可用切球、播种和组织培养等方法繁殖。

(1) 分球法 唐菖蒲母球种植后,通过一个栽培季节的生长,开花后每一母球可生成1个大的新球及较多的子球,将母球上自然分生的新球和子球取下来,另行种植即为分球法繁殖。通常新球种植后于第二年就可开花。子球大者培养1年亦可开花,而子球小者需培养2年方可开花。

大量栽种子球时,可采用条播或撒播方式。欲使其当年开花,也可用营养袋(营养钵)在温室内育苗,即3月下旬将子球播于营养袋内,保持土温18℃~25℃,气温20℃~25℃,空气相对湿度70%~80%,子球便能较好地出苗生长,待5月中旬连同营养袋一起移于露地。

(2)切球法 当种球数量少时,为加速繁殖,可进行切球法繁殖,即将种球纵切成若干部分,每部分必须带有1个以上的芽和部分茎盘,否则不能抽芽和生根。注意切口部分应用草木灰涂抹,以防腐烂,待切口干燥后再种植。

(3)播种法 此法多用于培育新品种。播种时间分春播和秋播。春播的种子要经干燥低温贮藏,比采种后当年秋播的开花推迟1年。春播在4月前后,秋播在8~9月份。利用刚采收的种子播种发芽率高。

春播在背风向阳处做苗床,并施入腐熟的农家肥。床土过筛、搂平,播前灌水。种子用55℃温水浸种15分钟后,再浸泡5~6小时,晾干后播种。用撒播法播种,覆土后扣小棚,出苗后注意通风降温,防止高温烤苗。终霜后撤棚,加强田间管理,秋天茎叶枯死后将小球挖起,翌年春季重栽。

【栽培管理】

(1)球茎栽培 生产上以栽种球茎为主。春季按球茎大小分级,并用70%甲基托布津粉剂800倍液或多菌灵1 000倍液与克菌丹1 500倍液混合浸泡30分钟,然后在20℃~25℃条件下催芽,1周左右即可栽植。病毒侵染严重、退化明显的品种,可采用茎尖组织培养脱毒使植株复壮。

(2)常规栽培 唐菖蒲的常规栽培系指自然条件下的栽培。一般选择直径2.5厘米以上的种球。种植方式有垄栽和畦栽2种,栽深5~10厘米。当幼苗抽生2~3枚叶片时,开始花芽分化,此时对环境因素特别敏感,如遇低温和弱光,则"盲花"数量增多。

整个生长季节需追肥3次,即在抽生2~3枚叶片时、花序从叶中抽出时和开花15天后各追肥1次。

(3)促成栽培 一定要选择已经打破休眠的种球栽种。若要求1~2月份开花,则须在上年10~11月份定植;若12月份定植,则翌年3~5月份开花。即从定植到开花,需历时100~120天。促成栽培的株行距为15厘米×15厘米或25厘米×7厘米,种植密度每平方米40~60个。定植后白天气温应保持20℃~25℃,夜间15℃左右。

(4)延后栽培 种球收获后贮藏于3℃~5℃干燥冷库中,翌年7~8月份再种植于温室中。管理工作与促成栽培相同。

【病虫害防治】 唐菖蒲的病害发生于种球的有灰霉病和球茎腐烂病,发生于植株的有干腐病、叶斑病和锈病等。防治应采取综合措施:①淘汰带病种球;②播种前种球应浸药消毒;③避免连作;④勿淋水过多,不过量施用氮肥,多施磷、钾肥,增加球茎和植株的抵抗力;⑤及时拔除病株销毁;⑥经常喷洒杀菌农药如甲基托布津、多菌灵、百菌清等。主要害虫是双线嗜黏液蛞蝓,可用石灰水、氨水喷杀;于种植地周围撒石灰粉,阻止害虫进入,或人工捕杀害虫。

【应用及配置】 唐菖蒲为世界著名的四大切花之一,品种繁多,色彩艳丽,花期长。广泛应用于花篮、花束和艺术插花,也可用于庭院丛植。

(二)大花美人蕉

别名兰蕉、红艳蕉。美人蕉科,美人蕉属。

【外观形态】 株高1~1.5米,全身被白霜。地下具肥壮多节的根状茎,地上假茎直立无分枝。叶大型、互生,呈长椭圆形,叶柄鞘状。顶生总状花序,常数朵至十数朵簇生在一起;萼片3枚,绿色,较小;花被3片,柔软,基部直立,先端向外翻;花色丰富,有乳白色、米黄色、亮黄色、橙黄色、橘红色、粉红色、大红色、红紫色等多种,并有复色斑纹;花心处的雄蕊多瓣化而成花瓣,其中1枚常外翻成舌状,其他的呈旋卷状。花期6~10月份。蒴果椭圆形,外被软刺。种子圆球形,黑色。

【生态习性】 性喜阳光充足和温暖湿润的环境条件,不耐寒。在华南亚热带地区为常绿植物,新老植株自然更迭,四季生长开花,无休眠。长江流域凡土壤不结冻的地区,冬季落叶后根茎可在土层中越冬,但需加覆盖物防寒保护。北方需将根茎放在0℃以上的室内贮藏。对土壤要求不严,但在土层深厚而疏松肥沃、通透性能良好的砂壤中生长特别好。

【繁殖方法】 通常以分株繁殖为主,也可进行播种繁殖。

(1)分株繁殖 可每年分割1次。1棵母株可分成4~5株,每个分株必须带1个以上的顶芽,从根状茎的分枝部分切开。在北方为了使其提早开花,多在3月初将冬藏的根状茎分割,每3~4株用素沙上盆假植,放在中温温室内催芽,经常保持盆土湿润,室温在18℃以上,4月中旬根状茎萌发,5月上旬成苗即可脱盆整坨定植于花坛。

(2)播种繁殖 美人蕉的种皮相当坚硬并带一层不透水的物质,播种前可用砂纸搓磨把表皮磨薄,放入30℃的温水中浸泡一昼夜,然后在高温温室内盆播。早春2月份播种,苗高10厘米时带土坨分苗移栽,上盆或下地,当年即可开花。实生苗常常发生变异,可在开花后进行优选,往往可得到一些优良性状的新个体,再用无性繁殖方法保存下来。

【栽培管理】 大花美人蕉适应性强,生长快,花枝多。在养护管理上,应注意抓好施肥、浇水、修剪、防寒越冬各个环节。

(1)施肥 大花美人蕉喜肥,栽植时要施足基肥。常用的肥料有鸡粪、花生饼、尿素、复合肥、磷肥等。肥料的选择和施用的时间应根据季节和植株生长情况而定。通常春天当美人蕉的嫩芽开始萌动时,施用第一次疏松有机肥,可以有效地疏松土壤、补充养分和保持湿度,为日后芽的分蘖、植株的生长打下良好的基础。以鸡粪为主的有机肥肥效长,疏松土壤效果好,但肥效较慢,这时,为加快加强肥效,可混施1次复合肥和1次尿素。进入生长、开花期的植株,由于生长快、开花多,需要不断追肥。每25天结合松土施用1次花生饼或鸡粪拌磷肥,效果更好。这种肥含有的养分较全面,特别是氮、磷、钾元素充足,能有效地促进花的生长,加深花色,使叶大、叶色油绿。其缺点是肥效较慢,影响公共绿地的游览环境,可采用施肥后覆土的方法解决。在华南地区,冬季大花美人蕉进入休眠期,但在气候温暖地区若养护得当,花期可延续至全年有花观赏,这个时期应注意对磷、钾肥的补充,以便增强植株抗寒能力。

(2)浇水　在美人蕉的日常管理养护中,水分控制好坏直接影响植株质量,浇水不当,过干过湿都易造成植株生长不良,甚至死亡。故必须适量适时浇水,根据季节和天气状况灵活掌握。

①春季浇水:春天气温回升,植株解除休眠,部分叶芽正常生长,水分消耗量也随之增加,以每天浇水1次为宜。

②夏季浇水:夏天植株生长旺盛,消耗水分也多,需每日早、晚各浇水1次;至6月份梅雨季节,则每日浇水1次,遇大雨时应及时排涝;7月份适当增加浇水量,必要时用水喷洒叶面,以降低温度,增加湿度。保持叶面清洁、叶色鲜嫩。

③秋季浇水:秋天气温虽有下降,但空气十分干燥,蒸发量很大,也要经常浇水,保持土面湿润。10月份以后,气温逐日下降,浇水量则应酌情减少,使植株枝秆水分含量降低,组织发育充实,以增加抗寒能力。

④冬季浇水:进入冬季,植株生长缓慢,甚至停止生长,水分消耗极少,应每日浇水1次。冬天浇水应在气温高时进行,阳光下浇水效果最佳,以下午2时左右进行为好。

(3) 修剪　地栽的美人蕉如有足够的空间,自行生长可得到端正的植株。影响植株正常生长的因素很多,如因病虫害造成黄叶、病叶,或空间竞争使植株的一部分接受不到阳光而失去平衡,或冬季寒风袭击使植株受损,或因建筑墙面反射强烈日光造成一部分叶片灼伤。在生长、开花及新芽分蘖旺盛时期,容易出现过密现象,需要进行修剪,以达到株型完整、开花丰满适度的效果。一般修剪应根据不同季节和植株生长情况灵活操作。

3～10月份美人蕉生长极为旺盛,必须每隔3日剪除开过花的植株、无花的弱株、病株和退化植株。单一品种成片栽植还要注意拔除杂色品种株,这样有利于壮芽的萌发和生长,矮化植株,使其开花整齐。一般开花植株数控制在每平方米10～15株(地栽每平方米28～36株),以便全年花开不断。

【病虫害防治】　大花美人蕉的病虫害比较多,发病较普遍,在栽培中应严格检疫措施,以防为主,防治结合,及时检查,及时防治。

(1) 常见病害　有花叶病、蕉锈病、黑斑病、梭斑病等。

①花叶病防治:及时拔除病株并销毁。不用带病毒的根状茎作繁殖材料。在整个生长期注意治蚜防病。

②蕉锈病防治:在冬季清除病叶及病株残体集中烧毁。药剂防治可选用65%福美锌400倍液,或0.3波美度石硫合剂,或20%粉锈宁乳剂2 000～3 000倍液,每隔1周喷药1次,共喷3～4次。注意交替使用,可以减轻病情。

③黑斑病防治:必须加强管理,种植不要过密。发病时定期喷50%甲基托布津500～800倍液,或65%代森锌500倍液。

④梭斑病防治:在秋、冬季节,将美人蕉的病株残体彻底清除,并集中销毁,减少越冬病菌,以控制翌春的发病。药剂防治:病害严重的地方,在发病初期,先摘除病叶后,可喷50%多菌灵可湿性粉剂600倍液,或70%甲基托布津可湿性粉剂800倍液,或雷多

米尔粉剂 500 倍液。

(2) 虫害　大花美人蕉虫害较少,常见的有焦苞虫、小地老虎等。焦苞虫可用 50% 杀螟松乳油 1 000 倍液喷施防治,小地老虎可用敌百虫 600～800 倍液对根部土壤灌注防治。

【应用及配置】　大花美人蕉生长势极强,红花绿叶,花期甚长,适合大片自然栽植,也可布置于花坛、花境、庭院隙地或作基础栽植。矮生种还可作盆花观赏。

(三) 大丽花

别名大丽菊。菊科,大丽花属。

【外观形态】　株高 50～150 厘米,具粗大肥厚多汁的肉质块根。叶对生,1～3 回羽状分裂,裂片卵形有粗锯齿。头状花序,直径 5～25 厘米,具长柄,舌状花有白、黄、粉、橙红、紫等多种颜色,管状花的大小、形状依品种不同而变化,花期夏季至秋季。瘦果长椭圆形。

【生态习性】　性喜温暖、凉爽、向阳。不耐寒,4℃～5℃时即进入休眠。忌酷暑、多湿。要求土壤疏松、排水良好。忌积水,怕涝。

【繁殖方法】　以分株、扦插繁殖为主,也可用嫁接、播种繁殖。

(1) 分株繁殖　在 3 月底至 4 月初进行。将块根排好,然后埋土、浇水,待芽生出后,将块根进行分割,注意每个分块上必须至少带 1 个芽,然后另行栽植。

(2) 扦插繁殖　将块根埋于土中提前催芽,温度 18℃～20℃。当幼苗长到 5～6 厘米时取下扦插;或幼苗长到 8～10 厘米时留下 1 对叶片,取上部枝条进行扦插。20 天后,留下 1 对叶片的叶腋处又萌发出新芽,可供继续繁殖到 5 月份为止。扦插苗当年即可开花。

(3) 播种繁殖　秋后采收成熟的种子,翌年春天播种,秋天即可开花。长势比扦插或分株苗都健壮,但不能保持原品种的特性。

【栽培管理】

(1)露地栽培 需做高畦,以防积水造成块根腐烂。株行距50厘米×100厘米,浇透水后松土保墒。生长旺季每隔20天左右追液肥1次,也可适当摘心,并视情况设支柱。花后立即修剪,先扭断待剪枝条,待萎蔫后再剪下,以防中空的茎灌入水引起腐烂。

(2)盆栽 应在早春栽入温床内催芽。盆栽培养土应用腐叶土、园土、沙、有机肥、骨粉按50:2:26:6:4比例混合。盆口径30~40厘米,将带块根的芽单株植入盆内。浇水要见干见湿,并适当"扣水"以防徒长,同时应设支架以防倒伏。夏季要经常向盆附近地面喷水,以便增湿降温,雨季防止盆内积水。每隔10天左右浇稀薄腐熟液肥1次。秋末花后应取出块根贮藏待用。

【病虫害防治】 主要病害有白粉病、锈病。白粉病喷代森锌或多菌灵防治;锈病喷1~3次波尔多液或代森锌防治。常见虫害有红蜘蛛、蚜虫。可喷1.8%虫螨克乳油4 000~6 000倍液或杀螟松稀释液防治。

【应用及配置】 大丽花适宜花坛、花境或庭前丛植。矮生品种可作盆栽,高生品种可作切花及制作花束、花篮、花环等。

(四)晚香玉

别名夜来香、月下香。石蒜科,晚香玉属。

【外观形态】 在原产地为常绿多年生花卉,球根是块茎状(上半部呈鳞茎状,下半部呈块茎状)。基生叶条形,茎生叶短小。花葶直立,高40~90厘米;穗状花序,小花对生、白色,具浓香,至夜晚香气更浓;花被筒细长,裂片6,短于花被筒。亦有重瓣品种,花香较淡。花期7~10月份。果为蒴果,一般栽培下不结实。

【生态习性】 喜阳光,怕寒冷。在热带和亚热带地区无休眠期,一年四季都可开花,其他地区则冬季落叶休眠。常作一年生栽培。一般栽培不结实,11月下旬霜后植株地上部枯萎,生长期8个月左右。对土壤要求不严,耐盐碱,而以肥沃、疏松的土壤为好。

【繁殖方法】 多采用分球繁殖。于11月下旬植株地上部枯萎后挖出地下块茎,除去萎缩老球,一般每丛可分出5~6个成熟球和10~30个子球,晾干后贮藏于室内干燥处。种植时将大小子球分别种植,通常子球培养1年后可以开花。种子繁殖一般只用于育种。

【栽培管理】

(1)露地栽植 要整地并施入基肥,将大、小球以及上年开过花的老球分开栽植。大球株距25厘米,小球株距10厘米左右。种植深度较其他球根为浅,大球以芽顶稍露出土面为宜,小球和老球芽顶应低于土面。老球上年已开过花,不能再开花,仅在老球的周围长出许多瘦尖的小球。"深长球,浅抽葶"是晚香玉种植深浅遵循的原则。栽植初期因苗小叶少,水不必太多;待花葶即将抽出时,给以充足水分和追肥;花葶抽出才可追施较浓液肥。夏季要注意浇水,经常保持土壤湿润。植株地上部分枯萎后,在江南地区常用树叶或干草等覆盖防冻,露地越冬;北方多是将球根掘起,略经晾晒,除去泥土,将残留叶丛编成辫子,继续烤晒至干,吊挂在温暖干燥处贮藏越冬,室温保持4℃以上即可。

(2)盆栽 一般在11月下旬栽种。种后置于温室中,在温度保持18℃的条件下,可提前在4~5月份开花。如促成栽培,需有高温温室的条件,于10月份将球根栽入温室,保持25℃的高温,并注意通风和追肥,春节前即可开花。切花在采收时间以花序基部开始开花时为宜,瓶插时间可达10天左右。

【病虫害防治】 病害主要有炭疽病。发病时可选用75%甲基托布津可湿性粉剂1 000倍液、80%炭疽福美可湿性粉剂600倍液、75%百菌清可湿性粉剂700倍液等喷雾防治;平时可选配1∶1∶200倍式波尔多液进行防治。虫害主要有黄胸花蓟马、华北蝼蛄。

黄胸花蓟马可用10%氯氰菊酯乳油200~300倍液或18%爱福丁乳油3 000倍液防治。华北蝼蛄可用毒饵诱杀：用90%晶体敌百虫0.5千克，加水5升，拌50千克炒成糊香味的饵料（秕谷、麦麸、豆饼等）制成毒饵。在露地栽培的花园中，每隔3~5米挖1个碗大的坑，放入一把毒饵后，再用土覆盖住。每667平方米用毒饵1.5~2千克，诱杀效果较好。

【应用及配置】 晚香玉花色纯白，香气馥郁，入夜尤甚，最适布置花园，供游人夜晚欣赏。也是重要的切花材料。

（五）郁金香

别名洋荷花、旱荷花。百合科，郁金香属。

【外观形态】 鳞茎卵圆形，长约2厘米，外被淡黄色纤维状皮膜。叶基出，3~4片，带状披针形至卵状披针形，长10~21厘米、宽1~6.5厘米。花葶长35~55厘米；花单生、直立，长5~7.5厘米；花瓣6片，倒卵形，鲜黄色或紫红色，具黄色条纹和斑点；雄蕊6枚、离生，花药长0.7~1.3厘米，基部着生，花丝基部宽阔；雌蕊长1.7~2.5厘米，花柱3裂至基部，反卷。花期4月下旬。蒴果3室，室背开裂。种子多数，扁平。

【生态习性】 性喜向阳、避风及冬季温暖湿润、夏季凉爽干燥的气候。8℃以上即可正常生长。耐寒性很强，一般可耐-14℃低温。在严寒地区如有厚雪覆盖，鳞茎就可在露地越冬。但怕酷暑，因此夏季鳞茎休眠。要求腐殖质丰富、疏松肥沃、排水良好的微酸至中性沙质壤土，忌碱性土和连作。

【繁殖方法】 常用分球繁殖。母球为一年生，即每年更新。花后在鳞茎基部发育成1~3个翌年能开花的新鳞茎和2~6个子鳞茎，母球干枯。母球鳞叶内发生子球的多少因品种不同而异，与栽培条件也有关。新鳞茎与子鳞茎的膨大常在开花后1个月的时间内完成。可于6月上旬将休眠鳞茎挖起，去泥，贮藏于干燥、通风和17℃~22℃温度条件下,有利于鳞茎花芽分化。秋季9~10月份栽种,栽培地应施入充足的腐叶土和适量的磷、钾肥作基肥。植球后覆土厚度5~7厘米即可。

在育种时用播种繁殖。秋季露地播种,覆土厚度1~1.5厘米,翌年春季可发芽,4~5年才能开花。

【栽培管理】

(1)露地栽培

①定植前的准备:选择富含腐殖质、排水良好的沙质壤土,施足有机肥,最忌黏重、低湿的冲积土。盆栽可用园土、腐叶土、沙按5:4:1的比例配制培养土,并掺入少量干鸡粪、骨粉等。定植前需消毒种球,用甲基托布津或高锰酸钾溶液浸泡15分钟,或用福尔马林熏蒸;土壤最好也要用福尔马林浇灌覆盖消毒。

②定植:9月下旬至11月间在长江流域均可定植郁金香鳞茎。定植深度一般为种球高的2倍,株行距9厘米×10厘米。盆栽应在盆底铺垫碎瓦片等以利于排水。定植后铺草并充分灌水,促使生根。

③田间(自然栽培)管理:郁金香发根后经过一个自然低温阶段,此期间注意保持土壤湿润。2月初开始发叶后,及时进行田间除草。长出2枚叶片后追施1~2次稀薄液肥或复合肥,5月下旬花后应追施1~2次磷酸二氢钾或复合肥,以利于地下种球膨大发育。郁金香一般在3月下旬至4月下旬盛花,花期应控制肥水,并通过遮雨、遮荫等措施以延长花期。郁金香的自然花期只有1周左右,尤其要注意防止阳光直晒,否则花期很短暂。

④收球:待叶基本枯黄后,择干燥晴天掘球。注意掘球时勿伤球根,否则伤口极易染病腐烂。掘起后摘叶,将球根按大小分开,置阴处充分晾干。若置强光下晒干,亦易患病。

⑤种球贮藏:将种球适当摊开,在通风良好、17℃~22℃的条件下贮藏。夏季高温会影响鳞茎内部的花芽分化。因为郁金香花

芽分化的最适温度为17℃~20℃,梅雨季节尤其要注意贮藏室的通风、凉爽。

(2)促成栽培　将球根贮藏于5℃或9℃低温条件下一段时间后,转入18℃左右温室内催花。在设施栽培的轮作制中,种一季为50天左右,从10月中旬到翌年3月底之间均可种植,产花期则从11月下旬到翌年5月底。

①促成栽培的种球处理:若要郁金香提早开花,则需在8月上旬将种球进行冷藏处理,一般于13℃~15℃条件下预冷2~3周,再在2℃~5℃条件下冷藏8周左右。5℃冷藏适合多数品种。有些品种可用9℃湿冷技术处理。其方法是:在9℃条件下冷藏12~16周,其中最后6周需将种球栽植在木箱或塑料箱内,浇水后进9℃冷库,在冷库里植株发根、抽芽。

②促成栽培的管理:促成栽培必须在大棚或温室内保温、加温。郁金香生长的最适温度为15℃~18℃。气温降至5℃以下时,郁金香停止生长,需加温;但温度、湿度过高时,又易徒长及发生霉病、畸形花,应注意保护地内通风透气,昼夜温度不宜超过25℃。一旦发现病株,应及时拔除、焚毁。5℃促成栽培时,自下种到开花需50~60天;9℃箱式栽培的温室时间仅为25天左右。

【病虫害防治】　病害有腐朽菌核病、灰霉病和碎色花瓣病,危害幼苗和鳞茎。用50%苯来特可湿性粉剂2 500倍液防治,每15天喷洒1次。虫害主要有蚜虫和刺足根螨。用10%灭多威可溶性粉剂1 000倍液喷杀蚜虫,并可防止碎色花瓣病传播。将刺足根螨为害的鳞茎放在稀薄石灰水中浸泡10~15分钟,取出后冲洗干净,可以防治刺足根螨为害。

【应用及配置】　郁金香花期早、花色品种繁多,是世界著名的球根花卉而被广泛栽培。可作切花、盆花,在园林中最宜作春季花境、花坛布置或草坪边缘呈自然带状栽植。

(六)百 合

别名喇叭筒、药百合。百合科,百合属。

【外观形态】 株高 70~150 厘米。茎直立,圆柱形,常有紫色斑点,无毛,绿色。有的种(如卷丹、紫砂百合)在地上茎的叶腋间能产生小鳞茎,称为"珠芽";有的种在地下茎节上可长出小鳞茎,称为"木子"。鳞茎球形,淡白色,先端常开放如莲座状,由多数肉质肥厚、卵匙形的鳞片聚合而成。根分为肉质根和纤维状根2类。叶片总数可多于 100 枚,互生,无柄,披针形至椭圆状披针形,全缘,叶脉弧形。花大,多白色,漏斗形,单生于茎顶。蒴果长卵圆形,具钝棱。种子多数,卵形,扁平。花期 6~7 月份,果期 7~10 月份。

【生态习性】 喜凉爽,较耐寒。高温地区生长不良。喜干燥,怕水涝,土壤湿度过高则引起鳞茎腐烂死亡。对土壤要求不严,但在土层深厚、肥沃疏松的沙质壤土中,鳞茎色泽洁白、肉质较厚。黏重的土壤不宜栽培。根系粗壮发达,耐肥。

【繁殖方法】 有播种、分小鳞茎、鳞片扦插和分珠芽等4种方法。

(1)播种法 播种属有性繁殖,主要在育种上应用。方法是:秋季采收种子,贮藏到翌年春天播种。播后 20~30 天发芽。幼苗期要适当遮荫。入秋时,地下部分已形成小鳞茎,即可挖出分栽。

播种实生苗因种类的不同,有的 3 年开花,也有的需培养多年才能开花。因此,家庭不宜采用此法。

(2)分小鳞茎法 如果需要繁殖 1 株或几株,可采用此法。通常在老鳞茎的茎盘外围长有一些小鳞茎,在 9~10 月份收获百合时,可把这些小鳞茎分离下来,贮藏在室内的沙中越冬。第二年春季上盆栽种,培养到第三年 9~10 月份,即可长成大鳞茎而培育成大植株。此法繁殖量小,只适宜家庭盆栽繁殖。

(3) 鳞片扦插法　此法是百合类常用的繁殖方法。秋天挖出鳞茎,将老鳞茎上充实、肥厚的鳞片逐个分瓣下来,稍阴干后扦插于盛好河沙(或蛭石)的花盆或浅木箱中,让鳞片的 1/3 插入基质,保持基质一定湿度,在 20℃条件下,约 1 个月,鳞片基部即长根和萌生不定芽。将生根的不定芽分栽入盆中,加以精心管理,培养 3 年左右即可开花。

(4) 分珠芽法　仅适用于少数能形成珠芽的种类,如卷丹、紫砂百合等。做法是在夏季地上茎叶腋处形成的小鳞茎,即珠芽已充分长大、但尚未脱落时,将其取下来培养。从珠芽长成大鳞茎至开花,通常需要 2～4 年时间。

为促使多产生小珠芽供繁殖用,可在植株开花后,将地上茎压倒并浅埋茎节于湿沙中,则叶腋间均可长出小珠芽。

【栽培管理】

(1) 露地或上盆栽培　百合在华南温暖地区可露地栽培或大棚栽培。露地栽培应选择气候冷凉、湿润通风及半阴环境和肥沃、透气性好、土层深厚的砂壤土。最忌连作。在种前深耕 1～2 次,施足基肥。每 667 平方米施腐熟优质农家肥 2 500～3 000 千克,花生麸 50 千克,骨粉 25 千克,草木灰 200 千克,磷肥和钾肥各 30 千克。深翻 30 厘米,细碎、疏松泥土,整成垄高 20～25 厘米,垄面宽 80 厘米,垄底宽 30～40 厘米,沟深 25 厘米。植前要进行土壤消毒。

百合露地种植适期为 8～9 月份,盆栽宜在 9～10 月份。盆栽培养土用腐叶土、粗沙、菜园土按 3:2:5 比例混合而成,可施适量草木灰和腐熟的鸡粪、鸽粪、猪粪等,或盆施 3～5 克复合肥。露地大球栽植,种植深度为 12 厘米,株行距为 10～15 厘米×20 厘米,定植后土壤应保持湿润,20～30 天新芽破土。盆植时盆底用粗沙或煤渣块铺垫 3～4 厘米厚作排水层,宜用深盆,口径 20～25 厘米的花盆可种 2～3 个球。盆植或箱植尽可能放置凉爽环境下管理,

第六章 球根花卉

也可用遮阳网或草帘遮荫避直射阳光,并适当浇水,以盆土干干湿湿为宜。高温干旱或春、夏季干旱时,要铺设稻草防止干旱,保持土壤湿润,畦沟应灌水 1~2 次或喷 1 次透水。苗期及剪花后适当控水,防止土温过低和水分过多而使鳞茎腐烂。注意通风,使幼苗生长健壮。秋季高温季节,每天中午向叶面喷水 2~3 次,以防土温超过 30℃ 而影响生长。

栽后 20 天追肥 2~3 次。生长期每隔 15 天施肥 1 次,以腐熟花生麸液肥为宜。或每 100 平方米施合成肥或尿素 1~1.5 千克,含氧化钾、氧化镁的硫酸盐 1~2 千克。在 2~3 月份和花后要各施合成肥,忌施含氟肥和碱性肥,否则易发生烧叶。若发现缺铁现象,应及时喷 0.2%~0.3% 硫酸亚铁溶液。现蕾至开花期,每隔 15 天喷 0.2%~0.3% 磷酸二氢钾溶液 1 次,剪花后要追施 1~2 次富含磷、钾的速效肥。

盆栽在 2~7 月之间,每 2 个月施肥 1 次,用肥与露地栽培相同。盆口径 20 厘米,每盆施肥量约 5 克,施后要浅松盆土,将肥混入盆土。可用沤过的洗米水对水根施。还可施含 0.1% 尿素的花卉专用肥液,每月施 2 次。冬季温度降至 5℃~8℃ 时,每月施肥 1 次;低于 5℃ 停止施肥,以待温度回升再施。翌年 2 月下旬至 3 月初在盆边表土施 8~10 克过磷酸钙或骨粉。现蕾至开花每月施 2 次 0.2% 磷酸二氢钾、少量硼砂、硝酸镁等,但花期不宜施用。花后每月薄施 2 次营养液肥,可保茎叶翠绿,促地下新鳞茎生长。

(2) 促成栽培　促成栽培需在设施内进行,11 月份至翌年 2 月上旬开花。将种球先在 13℃ 温度条件下处理 14 天,再在 3℃ 温度条件下处理 28~36 天,这样可在 11~12 月份开花。如要求在翌年 1~2 月份开花,可先在 13℃ 温度条件下处理 14 天,再以 8℃ 温度处理 28~36 天,这时定植后夜间温度较低,应加温保持 15℃ 左右即可。

百合在促成栽培中,当花芽长到 1~2 厘米时,如光照不足,容易发生消蕾现象。消蕾常发生在10月底至翌年3月中旬,可通过人工照明补光防止其发生。方法是:每8~10平方米面积悬挂1盏40瓦高压钠灯或普通防水白炽灯。补光始期由花芽长至0.5~1厘米前开始,一直持续到采收为止。温度16℃条件下,大约维持6周光照,每天从夜间8时至翌日凌晨4时,对防止消蕾、提早开花和提高切花品质效果甚佳。

为获得优质百合切花,适宜的光、温条件非常重要,尤其在花芽分化和发育期。如麝香百合花芽分化适温为15℃~20℃,此时若气温低于10℃或高于30℃,生长较慢,极易发生裂萼现象。亚洲百合在蕾后若出现低温会发生消蕾现象,光照不足也会消蕾。生长过程中,以白天温度21℃~23℃、夜间温度15℃~17℃最好。促成栽培的鳞茎必须通过7℃~10℃低温贮藏4~6周。生长初期维持低温条件(9℃~13℃)有利于发根。但强光的月份,应用50%遮阳网遮荫至开花,以免气温超过30℃而造成花茎过短、花朵品质下降。

【病虫害防治】 百合病虫害较多。主要病害有炭疽病、根腐病、灰霉病、立枯病、鳞茎腐烂病等。综合防治:发病初期应立即拔除病株,用50%多菌灵500~600倍液喷施或灌根,与50%代森铵300克混合使用。栽种时应选健康种球及抗病品种。栽前对土壤和种球要严格消毒,实行轮作。栽后定期喷施波尔多液预防发病。药剂防治:对于炭疽病,用75%百菌清800倍液,或50%炭疽福美500倍液,每10天喷1次,连喷2~3次。对灰霉病,发病初期用80%代森锰锌500倍液,或50%速克灵可湿性粉剂1 500倍液,或75%百菌清800~1 000倍液,或1%波尔多液,每隔10天喷1次,连喷2~3次。对立枯病,发病初期清除病叶,用1%等量波尔多液,或75%百菌清可湿性粉剂500~800倍液,或50%退菌特可湿性粉剂800~1 000倍液,每7~10天喷1次,连喷3~4次,有防治效果。对鳞茎腐烂病,在栽种前,将苯来特溶于温水中浸泡鳞茎,可预防病害发生。发病初期可浇灌或喷施50%代森铵300～500倍液。主要虫害有蚜虫、蛴螬等。可用20%杀灭菊酯乳油1 000倍液防治。

【应用及配置】 百合花期长、花姿独特、花色艳丽,商业栽培常作鲜切花,是世界著名的切花之一,也是盆栽佳品。在园林中宜片植疏林、草地,或布置花境。

(七)风信子

别名洋水仙、西洋水仙、五色水仙。百合科,风信子属。

【外观形态】 株高约20厘米。地下鳞茎卵形或球形,有膜质外皮。叶肥厚无柄,4～8枚,狭披针形,上有凹沟,绿色,有光泽。花茎肉质,从鳞茎抽出,略高于叶,中空。总状花序顶生,周围密布小花5～20朵,每花6瓣,横向或下倾,漏斗形;花被筒长、基部膨大,裂片长圆形、反卷,像个卷边的小钟;由下至上逐段开放,并能散发出阵阵香味;花有紫、白、红、黄、粉、蓝等色。还有重瓣、大花、早花和多倍体等品种。

【生态习性】 性耐寒,喜排水良好而肥沃的壤土和凉爽、湿润与阳光充足的环境。鳞茎有夏季休眠习性,秋、冬季生根,翌年早春萌发新芽,3月下旬至4月上旬开花,6月上旬植株枯萎。风信子在生长过程中,鳞茎在2℃～6℃低温时根系生长最好。芽萌动适温为5℃～10℃,叶片生长适温为10℃～12℃,现蕾开花期以15℃～18℃最有利。鳞茎的贮藏温度为20℃～28℃,最适温度为25℃,对花芽分化最为理想。

【繁殖方法】 以人工分球(刮底法)繁殖为主,也可用自然分球繁殖。

(1)人工分球繁殖 将消毒后的鳞茎用弧形刀在茎盘底部挖空,再将鳞茎倒置在湿沙上培养,气温25℃,空气相对湿度90%,在伤口处产生愈伤组织形成不定芽并产生小鳞茎,平均每个母鳞茎可产生40个小球,分离小球用于繁殖。

(2)自然分球繁殖　母球栽植1年后自然分生1~2个子球,将其与母球分离栽种。子球繁殖需3年开花。

【栽培管理】

(1)盆栽　选择排水良好的疏松土壤,施足基肥,在10月份时将种球栽入盆内。小盆种1球,大盆种3~4球,然后盖土,栽植深度5~8厘米。栽后要保持土壤湿润,同时要注意增施磷、钾肥。经过120天左右(翌年2~3月份)即可开花,开花前后各施肥1次。6月份植株枯萎后挖出鳞茎,晾干后贮藏于温度不超过28℃的室内。

风信子在开花后,如果种球保存得好,到第二年再种将有希望再度开花,但因开花后的种球已经退化,种植后植株会变得矮小,花葶亦趋于萎缩,故不宜继续保留,应买新的种球栽培为妥。

(2)水养　可在12月份将种球放在阔口的玻璃瓶内,加入少许木炭以帮助消毒和防腐。瓶内加水,水深以浸至球底即可。然后放置在阴暗的地方,并用黑布遮住瓶子。这样经过20多天后,根便在全黑的环境下萌发出来,这时可拿出室外让其接受阳光照射。从每天光照1~2个小时,逐步增至7~8个小时,如果天气变化不大,到翌年春节便可开花。

【病虫害防治】　风信子幼苗和鳞茎易受腐朽菌核病危害,花朵和茎易受碎色花瓣病危害,地上部植株易受线虫病危害。鳞茎贮藏时,要剔除受伤或有病鳞茎,室内要通风。

【应用及配置】　风信子植株低矮整齐,花序端庄,花色丰富,花姿优美,香气浓郁,在光洁鲜嫩的绿叶衬托下,恬静典雅,是早春开花的著名球根花卉之一,也是重要的盆花。适于布置花坛、花境和花槽,也可作切花、盆栽或水养观赏。

(八)花毛茛

别名芹菜花、波斯毛茛。毛茛科,毛茛属。

【外观形态】 株高20~40厘米。块根纺锤形,常数个聚生于根颈部。茎单生,或少数分枝,有毛。基生叶阔卵形,具长柄;茎生叶无柄,为2回3出羽状复叶。花单生或数朵顶生,花径6~9厘米,单瓣或重瓣;品种较多,花色有黄、红、白、粉、橙等色。花期4~5月份。

【生态习性】 喜凉爽及半阴环境,忌炎热,适宜的生长温度白天20℃左右,夜间7℃~10℃,既怕湿又怕旱,宜种植于排水良好、肥沃疏松的中性或偏碱性土壤。6月份以后块根进入休眠期。

【繁殖方法】 通常以分根繁殖为主,也可播种繁殖。

(1)分根繁殖 宜在9~10月份进行。挖取地栽或脱盆母株,轻轻抖去泥土,顺其自然生长态势,每3~4个小块根一组,同时注意必须上端带一部分根颈掰开。在口径15~20厘米花盆中定植,每盆可栽1~2组块根。上盆覆土要浅,以刚盖住根颈为度。然后浇透水,放树荫处,秋末入低温温室继续养护,翌年3月间即可开花。

(2)播种繁殖 选择健壮母株单独培养,仅留第一朵花结实。种子纯正饱满,采收后阴干贮藏。秋后当气温降至10℃左右时盆播或地播,约20天可萌芽出苗;若气温偏高,反而不能萌芽。播种苗于入冬前上小盆分栽,入低温温室继续养护,翌年春季3月下旬出室地栽或换大盆定植,入夏前即可开花。自播种至翌年夏季休眠,即完成其生长阶段,以后即行分根繁殖。花毛茛的块根较小而质弱,夏季休眠最好原盆放在低温、凉爽、通风的环境保存,保持盆土潮润,偏干易萎缩,过湿易腐烂,注意精心管理。

【栽培管理】 块根种植用于花坛者,株行距为15厘米×20厘米。盆栽时,小盆栽1个球,大盆可栽2个球。温暖地区可在室外越冬,但寒冷地带需在室内越冬。盆土要求保持半干状态,防止块根腐烂。翌年春季生长旺盛期,应经常保持湿润,但花期土壤应稍干燥,并施1~2次液肥。夏季进入休眠期。块根采收后应充分晾干,置于通风干燥处,否则极易腐烂。

若采用促成栽培,当年年底即能开花。其方法是:夏季将块根埋于湿润的木屑中,在8℃~10℃的低温条件下处理30~40天,打破休眠后于9月下旬至10月上旬种植,冬季温度保持10℃左右即可。盆栽时,如喷洒0.2%~0.4%比久可促使植株矮化。一般喷2次,第一次在刚开始吐叶时,第二次在花蕾有豆粒大小时进行。

实生苗栽培,虽然秋季播种,翌年春天能开花,但第一年的实生苗花瓣少、花径小,观赏价值较差。

【病虫害防治】 花毛茛在生长期遇高温高湿,容易引起植株徒长、黄叶和茎基部腐烂。主要病害为根腐病,用50%苯来特可湿性粉剂1 000倍液浇灌。主要虫害有根蛆、潜叶蝇,用10%吡虫啉可湿性粉剂1 000倍液喷杀。

【应用及配置】 花毛茛花大而美丽,常种植于树下或在草坪中丛植,以及种植在建筑物的阴面。同时,也适宜作切花或盆栽。

(九)水 仙

别名天葱、雅蒜。石蒜科,水仙属。

【外观形态】 鳞茎肥大,呈球状,外被棕褐色皮膜,茎基部生有白色肉质根。水仙的叶由鳞茎顶端绿白色筒状鞘叶中伸出,再由叶片中抽出花茎(俗称箭)。一般每个鳞茎可抽生花茎1~2枝,多者可达8~11枝。伞状花序,花序外具膜质总苞,又称佛焰苞;花葶直立,圆筒状或扁圆筒状,香气浓郁。花期早春。

【生态习性】 性喜阳光、温暖,要求空气湿度大,不甚耐寒,且怕炎热。营养生长期需要湿润而又不积水的沙质土壤。

第六章 球根花卉

【繁殖方法】 可以通过分球、双鳞片以及组织培养法进行繁殖。

(1) 分球繁殖 这是最常用的繁殖方法。子球着生在主鳞茎的两侧,基部与母球相连,很容易自行脱离母体。秋季将子球与母球分离,单独种植,翌年产生新球。

(2) 双鳞片繁殖 用由鳞茎盘相连的两个鳞片作繁殖材料就叫双鳞片繁殖。其方法是:把鳞茎先放在4℃~10℃温度条件下处理4~8周,然后在常温中将鳞茎纵切,使每块带有2个鳞片。然后把繁殖材料包埋于含水50%的蛭石或含水6%的沙中,再放入塑料袋内,封闭袋口,置20℃~28℃温度且黑暗的地方,经2~3个月可长出小鳞茎,成球率80%~90%。此法一年四季均可进行,但以4~9月份为好。生成的小鳞茎移栽后的成活率高,可达80%~100%。

(3) 组织培养 用MS培养基,每升附加30克蔗糖与5克活性炭。用芽尖或带有双鳞片的5毫米×10毫米茎盘作外植体,接入20毫米×100毫米的玻璃管中,每管10毫升培养基,pH值5~7,经消毒后,每管植入1个外植体,然后在25℃条件下培养。接种10天后外植体产生小突起,20天后成小球,1个月后转入含萘乙酸(NAA)0.1毫克/升的1/2 MS培养基中,经6~8周长叶、生根后,移栽大田中,可100%的成活。用茎尖作外植体的,还有脱除病毒的作用。

【栽培管理】 水仙栽培有旱地栽培、水田栽培2种方法。

(1) 旱地栽培 每年挖球之后,把可以上市出售的大球挑出来,余下的侧球(子球)可立即种植,也可留待9~10月份种植。一般认为种得早发根好、长得好。单行种植株行距为6厘米×25厘米,双行种植株行距为6厘米×15厘米。连续种3~4行后,留出35~40厘米的行距,再反复连续下去。旱地栽培养护较粗放,除施2~3次水肥外,不常浇水。单行种植的常与其他农作物间作。

(2)水田栽培

①种球选择与分级栽培:种球选择甚为严格,要求选无病虫害、无损伤、外鳞片明亮光滑、脉纹清晰的作种球,并按球的大小、年龄分3级栽培。

一年生栽培:从二年生栽培后的侧球(也叫钻子头)或从不能作二年生栽培的小鳞茎中选出球体坚实、宽厚、直径约3厘米的作种球。用撒播、条播或点播法栽培。每667平方米栽20 000~30 000个。

二年生栽培:经过一年生栽培后,球长成圆锥形,从中选出坚实、直径约4厘米以上的作种球,其栽培养护较一年生的细致。每667平方米栽8 000~10 000个。

三年生栽培:三年生栽培也叫商品球栽培。是上市销售、供观赏前的最后一年栽培。其栽培管理极为精细,至为重要。它是从经过二年生栽培的球中,选出球形阔且矮、主芽单一、茎盘宽厚且顶端粗大、主球直径在5~8厘米的球作种球,种前剥掉外侧球,并用阉割法除去内侧芽,使每球只留1个中心芽。每667平方米约栽5 000个。

②栽培要点:重点抓好5个环节。

一是耕地浸田。8~9月份把土地耕松,然后在田间放水浸灌,浸田1~2周后把水排干。随后再耕翻5~6次,深度在35厘米以上,使下层土壤熟化、松软,以提高肥力,减少病虫害和杂草,并增加土壤透气性。

二是施肥做畦。水仙需要大量的有机肥料作基肥。三年生栽培,每667平方米需施有机肥5 000~10 000千克,适当拌一些(20~50千克)过磷酸钙或钙镁磷肥。二年生栽培用肥量减半。一年生栽培的用肥量可以更少些。这些肥料要分几次随耕地翻入土中,使土壤疏松,肥料均匀。然后将土壤表面整平,做成宽120厘米、高40厘米的畦,沟宽35~40厘米。畦面要整齐、疏松,沟底

第六章 球根花卉

要平滑、坚实且略微倾斜,使流水畅通。

三是种球阉割。为了使鳞茎经过最后一次栽培后快速增大,有利于多开花,需采用种球阉割处理。操作时,首先对准侧芽着生的位置,用左手拇指与食指捏住鳞茎盘,然后再用右手操刀阉割。阉割刀宽约1.5厘米,刀口的先端为回头形。阉割时,挖口宜小,若误伤了鳞茎盘与主芽球就无用了,应淘汰。若发现种球内部鳞片有黑褐色斑驳者,也应淘汰。

四是种球消毒。种植前用40%福尔马林100倍液浸种球5分钟。

五是种植。由于水仙叶片是向两侧伸展的,因此采用的株距较小、行距较大,三年生栽培的株行距为15厘米×40厘米,二年生栽培的株行距为12厘米×35厘米。种植时要逐一审查叶片的着生方向,按未来叶片一致向行间伸展的要求种植,以使其有充足的空间。为使鳞茎坚实,宜深植。一、二年生栽培,植深8~10厘米;三年生栽培,深约5厘米。种后覆盖薄土,并立即在种植行上施腐熟肥水。种后清除沟中泥块,拉平畦面,并立即灌水满沟。翌日把水排干,待泥粘而不成浆时,整修沟底与沟边并予夯实,以减少水分渗透,使流水畅通。修沟之后在畦面盖稻草。三年生者覆草宜厚,约5厘米;一、二年生者,覆草可薄些。覆草时,使稻草根伸向畦两侧沟中,梢在畦中重叠相接。种植结束后畦内灌水,初期水深8~10厘米,1周后加深到15~20厘米,水面维持在球的下方,使球在土中,根在水中。

【病虫害防治】 主要病害有大褐斑病、线虫病、叶枯病、曲霉病、青霉病等。褐斑病,主要危害水仙的叶和茎。初染时出现于叶尖,褐色;大片感染时叶和梗均会出现病斑,使叶片扭曲,植株停止生长,导致枯死。发病初期,可用75%百菌清可湿性粉剂600~700倍水溶液,每隔5~7天喷洒1次,连喷数次可控制病害发展。线虫病可用0.5%福尔马林液浸泡鳞茎3~4小时加以预防。如在养护过程中发现植株染病严重,应立即将病株剔除并销毁。

【应用及配置】 水仙株丛清秀,花色淡雅,芳香馥郁,花期正值春节,既适宜室内案头、窗台点缀,又宜在园林中布置花坛、花境,也宜在树林下、草坪中成丛成片种植。也大量用作切花。

二、温室球根花卉

(一)仙客来

别名兔子花、兔耳花、一品冠。报春花科,仙客来属。

【外观形态】 块茎呈扁球体状,底部密生须状根。叶丛生于块茎上方,有长柄,心脏形或肾脏形,深绿色,有明显白色斑纹,边缘有细锯齿。花大、单生,花梗细长、肉质,花瓣五深裂,基部相连成筒状。根据花色不同,可分为桃红色、洋红色、玫瑰红色、紫红色、粉红色、橙黄色、淡紫色、红边白心、深红带斑点及白色等多个品种,有的花有芳香味。

【生态习性】 喜凉爽、湿润及阳光充足的环境。生长和花芽分化的适温为15℃~20℃,湿度70%~75%。冬季花期温度不得低于10℃,若温度过低,则花色暗淡,且易凋落。夏季温度若达到28℃~30℃,则植株休眠;若达到35℃以上,则块茎易腐烂。幼苗较老株耐热性稍强,以中日照为佳。仙客来适生于疏松、肥沃、富含腐殖质、排水良好的微酸性砂壤土。花期10月份至翌年4月份。

【繁殖方法】 多用播种繁殖,也可用扦插和分割法繁殖。

(1)播种繁殖 播种时间以8月下旬至10月中旬为好,可使幼苗避过炎夏及寒冬季节。为加快种子发芽速度,可用温水浸泡种子2~3小时,再用纱布包好,保持25℃、2天时间催芽,这样播种后15天即可出芽。种子播于盆内,播后覆土厚0.5~1厘米即可,盆口上盖玻璃或塑料薄膜,但不要盖得太严。然后放在室内阴凉处,用浸盆法保持盆土湿润,气温保持18℃~20℃,经1个月左右可出苗。当幼苗长出2~3枚真叶时要及时分苗,如移苗迟了,植株纤弱不能形成块茎。苗上盆后需放阴凉处缓苗,然后逐步见阳光。15天后可每周施肥1次,生长期盆土不宜过湿,忌烈日高温。

(2)扦插繁殖 叶插于3~4月份或9~10月份进行。切下叶片时,叶柄必须带一部分块茎,所带块茎越大,发根成苗越快。插床一定要通气又保湿,一般多用蛭石作插床基质。

(3)分割繁殖 分割块茎可于花后的5月份进行。切除块茎上部1/3,下部块茎仍保留在土中,再在横切面上用刀交叉划成1平方厘米的方格,深度为1厘米。约100天后切面上即会生出不定芽,将带不定芽的块茎分割移栽即可。

【栽培管理】 仙客来是喜光花卉,冬、春季又是旺盛生长开花期,欲使花叶繁茂,在现蕾期要给以充足的阳光,放置室内向阳处,并每隔1周施1次磷肥,最好用0.3%磷酸二氢钾复合肥(含锌、硼、钼、锰、镁、铜、铁、硫等中、微量元素)溶液浇施,每盆用量约150毫升。平时每隔1~2天浇水1次,使盆土湿润,切不可浇大水。但切忌盆土过干,过干的盆土会使根毛受伤和植株上部萎蔫,再浇水也难以恢复。浇水时水温要与室温接近。开花期不宜施氮肥,否则会引起枝叶徒长,缩短花朵的寿命。如叶过密可适当稀疏,使营养集中,开花繁多。摘叶或摘除残花时,为防止软腐病的感染,应立即喷洒1次多菌灵1 000倍液。仙客来在花蕾形成前,室温应保持在15℃~18℃,最低不能低于10℃。温度太高花期缩短,超过28℃叶片发黄,千万不要将花盆放在暖气片上。阴天气温低时,注意不要把水浇到花芽及嫩叶上,以免腐烂。

【病虫害防治】 主要病害有灰霉病、炭疽病、细菌软腐病。还易受根结线虫病及孢囊线虫病的危害。应注意土壤与种球消毒。

【应用及配置】 仙客来是世界十大盆花之一，最适宜于盆栽观赏。可置于室内布置，尤其适宜在家庭中点缀于有阳光的几架、书桌上。因其株型美观、别致，花盛色艳，还有具香味的品种，深受人们青睐。在温暖地区也可作组合盆栽装饰于街边、绿地等室外公共场所。

（二）球根秋海棠

别名球根海棠、茶花海棠。秋海棠科，秋海棠属。

【外观形态】 株高 30～100 厘米，块茎呈不规则扁球形。叶为不规则心形，先端锐尖，基部偏斜，绿色，叶缘有粗齿及纤毛。腋生聚伞花序，花雌雄同株，异花授粉，花大而美丽；品种极多，有单瓣、半重瓣、重瓣、花瓣皱边等。花色有红、白、粉红、复色等。花期春季。

【生态习性】 喜温暖、湿润的半阴环境。不耐高温，气温超过 32℃茎叶枯萎脱落，甚至块茎死亡。生长适温 6℃～21℃，空气相对湿度为 70%～80%。冬季亦不耐寒。

【繁殖方法】 常用播种、扦插和分割法进行繁殖。

（1）播种繁殖 常于 1～2 月份在温室进行。因种子细小，每克种子有万粒左右，播时与细沙混和才能均匀播撒。播后盆口盖上玻璃，保持温度 18℃～21℃，10～15 天发芽。发芽后放半阴处，约 2 个月长出 2～3 枚真叶时移栽于 6 厘米口径盆，5～6 月份定植于 12 厘米口径盆。

（2）扦插繁殖 以 6～7 月份为宜。选择健壮带顶芽、长 10 厘米左右的枝茎，除去基部叶片，仅留顶端 1～2 片叶。由于枝茎肉质，剪枝后，待切口稍干燥后再扦插。插后保持沙床湿润，约 3 周后愈合生根。插后 2 个月上盆，当年可以开花。

（3）分割法繁殖 3～4 月份在块茎萌发前，将块茎顶部切割成数块，每块留 1 个芽眼，切口用草木灰涂抹，待分割块茎萌芽后即可上盆。栽植不宜过深,以块茎1/2露出土面为宜,否则易受湿腐烂。

【栽培管理】 球根秋海棠属浅根性植物。盆栽需用排水良好、肥沃的泥炭土或腐叶土,有利于根部发育。盆栽观赏要求生长发育整齐,于春季选用健壮块茎在温室沙床内催芽,栽植不宜过深,以不见块茎为度,土壤保持湿润。当发芽后定植于盆内,定植后块茎要求稍露土面。生长期避免过度潮湿,否则阻碍茎叶生长和引起块茎腐烂。每隔10天施肥1次。叶片挺拔、呈青绿色为正常;叶片淡绿色表明缺肥;叶呈淡蓝色并出现卷曲,说明氮肥过多,应减少施肥量或延长施肥间隙时间。花芽形成前增施1~2次磷、钾肥。球根秋海棠茎叶柔嫩多汁,生长期应少搬动。为减少操作时折断茎叶,花蕾期需设立支柱。花期正值初夏,气温逐日升高,要求遮荫和喷雾,保持一个通风、凉爽的环境。如果浇水不当、光线太强和气温过高都会造成叶片边缘皱缩,花芽脱落,甚至块茎腐烂。花后至秋末,地上部茎叶逐渐黄化枯萎脱落,进入休眠期,应挖起块茎,稍干燥后沙藏,贮藏温度以10℃为宜。

【病虫害防治】 生长期遇高温、多湿,常发生茎腐病和根腐病。应控制室温和浇水,并用25%多菌灵可湿性粉剂300倍液喷洒。在室温高、通风不好的环境下,很容易受介壳虫、蚜虫、卷叶蛾幼虫、蓟马为害。介壳虫和蚜虫群生于叶柄、花蕾和新芽处吸取养分,卷叶蛾幼虫咬食花叶,蓟马于叶背吸取营养。被害植株完全丧失观赏价值。介壳虫用50%敌敌畏乳油1 500倍液喷杀,蚜虫、蓟马和卷叶蛾用10%除虫菊酯乳油和鱼藤精2 000倍液喷杀。

【应用及配置】 球根秋海棠花大色艳,是世界著名的盆栽花卉之一。用它点缀客厅、橱窗,娇媚动人;布置花坛、花境和入口处,分外窈窕。制成吊篮悬挂厅堂、阳台和走廊,色翠欲滴,鲜明艳丽。

(三)大岩桐

别名六雪泥、落雪泥。苦苣苔科,大岩桐属。

【外观形态】 块茎扁球形,地上茎极短。叶对生,肥厚而大,长椭圆形,密生绒毛;叶脉间隆起,自叶间长出花梗。花冠钟状,先端浑圆,色彩丰富,大而美丽。花期5~10月份。蒴果。种子褐色,细小而多。

【生态习性】 生长期喜温暖、潮湿,忌阳光直射,有一定的抗炎热能力。但夏季宜保持凉爽环境,23℃左右有利于开花。1~10月份温度保持在18℃~23℃;10月份至翌年1月份(休眠期)需要10℃~12℃,块茎在5℃左右的温度中可以安全过冬。生长期要求空气湿度大,但不喜大水,避免雨水侵入。冬季休眠期则需保持干燥和适宜的温度,如湿度过大或温度过低,块茎易腐烂。喜肥沃疏松的微酸性土壤。

【繁殖方法】 常用播种法和叶插法进行繁殖。

(1)播种法繁殖 春、秋两季均可。播种前,先将种子浸泡24小时,以促使其提早发芽。用浅盆或木箱装入腐叶土、菜园土和细沙混合的培养土。将土平整后,均匀地撒上种子,盆底润水后,盆面盖上玻璃。在18℃~20℃的温度条件下,约10天后出苗。出苗后,让其逐渐见阳光。当幼苗长出3~4枚真叶时,分栽于小盆。苗期应适当遮荫,避免阳光直射,经常用水喷雾,以保持较高的湿度。每隔10天左右施1次稀薄的饼肥水。一般播种后6个月可开花。

(2)叶插法繁殖 花落后,选取优良单株,剪取健壮的叶片,留叶柄1厘米,斜插入干净的河沙中(如使用珍珠岩和蛭石混合的基质土效果更好),叶面的1/3插在河沙中,2/3留在地表面,适当遮荫,保持一定的湿度,在22℃左右的气温下,15天便可生根,小苗成株后移栽入小盆。

第六章 球根花卉

【栽培管理】 盆栽常用腐叶土、粗沙和蛭石的混合基质。二年生块茎冬季休眠,翌年3月份开始萌芽,需及时换盆。栽植时块茎需露出盆土,每个块茎只需留1个嫩芽。生长期每隔15天施肥1次,对植株生长发育有利。形成花苞时,再增施磷、钾肥1~2次。施肥时注意不要沾污有毛的叶面,以免引起腐烂。开花期温度不宜过高,可延长观花期。花谢后如不留种,须剪去花茎,有利于继续开花和块茎生长发育。叶片枯萎进入休眠期,将块茎存放于冷凉干燥处贮藏。贮藏最适温度为10℃~12℃。块茎可连续栽培7~8年,每年开花2次。老块茎需淘汰更新。

【病虫害防治】 大岩桐常见叶枯性线虫病危害,除及时拔除病株烧毁外,盆钵、块茎、土壤均需消毒。幼苗期易发生猝倒病,注意播种和移栽土壤的消毒。生长期常有尺蠖咬食嫩芽,可人工捕杀。

【应用及配置】 大岩桐花大色艳,如果温度合适,周年有花,尤其室内摆放花期长,适宜窗台、几案等室内美化布置。

(四)马蹄莲

别名慈姑花、水芋。天南星科的球根花卉,马蹄莲属。

【外观形态】 株高约70厘米,具肥大肉质块茎。叶茎生,具长柄,叶柄一般为叶长的2倍,上部具棱,下部呈鞘状折叠抱茎;叶卵状箭形,全缘,鲜绿色。花梗着生叶旁,高出叶丛。肉穗花序包藏于佛焰包内,佛焰包较大、开张呈马蹄形;肉穗花序圆柱形,鲜黄色,花序上部生雄蕊,下部生雌蕊。花期从11月份至翌年6月份。果实肉质,包在佛焰包内。

【生态习性】 性喜温暖、阴湿环境。生长期间需要适当光照,特别在开花后,需充足阳光,否则佛焰包将呈现绿色。生长适温:10月份至翌年3月份为13℃~19℃,3~10月份为19℃~25℃。不耐寒冷,要求最低温不低于10℃。我国多作盆栽,霜降时节移至室内防寒。不耐旱,在干燥的环境中生长易出现叶枯黄现象。开花期需要较多的水分。适生于疏松、肥沃、排水良好的砂壤土。

【繁殖方法】 以分球繁殖为主。植株进入休眠期后,剥下块茎四周的小球,另行栽植。也可播种繁殖,种子成熟后即行盆播。发芽适温20℃左右。

【栽培管理】 盆栽时,宜选择排水良好的砂壤土,并施足基肥。基肥以充分腐熟的饼肥、猪厩肥为好。于早春第一次开花后(或于秋季),挖取母株分离块茎四周萌发的小球,单独栽入盆中。栽好后,浇足水,放遮荫处,保持盆土湿润。出芽后移至荫棚下有散射光处养护,注意不要直接日晒,也不可全部荫蔽。除栽植前施基肥外,生长期内,每隔20天左右追施1次液肥。肥料可用腐熟的饼肥水。生长旺季可每隔10天左右增施1次氮磷钾混合的稀薄液肥。施肥时切忌将肥水浇入叶鞘内,以免引起腐烂。

此外,生长期需经常浇水,并且每天早、晚用水喷洒花盆周围地面,以增加湿度,最好每隔5~7天用水擦湿叶面1次,以保持叶片新鲜清洁。叶片过密时应及时疏叶,以利花梗抽出。马蹄莲始花于春节,3~4月份为开花盛期,花谢后应及时剪去残花和花葶,以免消耗养分,花期可延续到5月份。5~7月份进入休眠期,应少浇水,并尽量为其创造一个较为干燥的环境,待叶全部枯黄后,取出块茎,置于通风阴凉处贮藏,待秋季再栽于盆中。

如果不让马蹄莲休眠,可于6月下旬将其转到完全遮荫且通风极好的地方养护,每天中午、下午都要向盆周地面喷水2~3次,以降低温度。在白天气温不超过30℃的情况下,马蹄莲仍可继续开花。

一般10月份寒露节前,将马蹄莲移入室内,控制浇水,保持室温不低于10℃。每周用接近室温的清水洗叶面1次,保持叶片清新鲜绿。如空气干燥时,应用水向花四周喷雾增湿。冬季注意增加光照。为促进翌年早春开花,可在12月份浇1~2次稀薄肥水。

第六章 球根花卉

【病虫害防治】 主要病害有软腐病、干腐病。主要虫害有蓟马、粉蚧、红蜘蛛、卷叶虫和夜蛾等。防治措施有:块茎及土壤消毒;主要种球贮藏期间要注意通风换气,并去除病球;避免保护地内昼夜温差过大、夜间湿度过高;定期喷施多菌灵或百菌清等药剂。

【应用及配置】 马蹄莲叶片翠绿,花苞片洁白硕大,宛如马蹄,形状奇特。现在又培育出许多彩色马蹄莲,使其花色品种更加丰富,成为国内外重要的切花花卉,用途十分广泛。

(五)小苍兰

别名香雪兰、小菖兰、洋晚香玉。鸢尾科,小苍兰属。

【外观形态】 球茎长卵形或圆锥形,外被棕褐色薄膜。茎柔弱,有分枝。茎生叶二列状着生,狭剑形或披针形,全缘,与茎近等长,约40厘米;茎生叶短。穗状花序顶生,花序轴平生或倾斜;花偏生一侧,每个花序着花5~6朵或10余朵,花疏散而直立,有鹅黄、乳白、紫红等色,具芳香;苞片膜质,白色;花被狭漏斗状,长约4厘米,花被筒中部以下突然狭窄。小苍兰自然花期在2~3月份。

【生态习性】 性喜凉爽湿润、阳光充足的环境。耐寒性较差,在北方和江南的偏冷地区不能露地越冬。在栽培中应视当地气温选择环境。

【繁殖方法】 多采用分球繁殖法繁殖,分球繁殖开花早。

分球繁殖宜选择无病害健壮母株,在5月份当植株茎叶发黄进入休眠期时,从土中或从盆中挖出种球,剥去球茎上的泥土,可看到在母球周围长有4~6个大小不一的子球。剥下球茎,按球径1厘米以上为大球茎、小于1厘米为小球茎进行分级,置于干燥、凉爽地方阴干贮藏。秋季气温下降后,可在8~9月份栽种。因小苍兰在长江流域和北方地区不能在露地越冬,所以宜直接栽种在温室内养护管理。

【栽培管理】 栽植时间一般以每年9月上中旬至10月上旬为宜。选择中等大小的种球。盆土宜选用含有丰富有机质的砂壤土,选用口径15~18厘米的瓦盆,每盆可栽种5~7个球。装盆时在培养土中掺入少量骨粉或草木灰,浇透水,待水不再下渗后,等距离摆好种球,覆土厚2~3厘米即可。种好后应把花盆放在阴凉通风处,每隔5~7天浇1次水,栽后10~15天可出苗。而后把花盆移至充足的光照下,保持盆土微干。当其进入花芽分化期、即植株长到3~4片叶子时,每隔10天施1次含磷较多的液体有机肥,每天光照8~10小时。孕蕾期,白天需光照充足,温度保持在15℃~20℃,夜间温度保持在10℃左右。霜降前,应移入室内阳光充足的地方,温度以10℃为宜,以后逐渐提高到15℃~20℃。孕蕾开花期,要经常保持盆土湿润,浇水要适当,每隔15天左右施1次0.5%过磷酸钙稀薄液体有机肥。进入开花期,要适当控制浇水,不再施肥,但不能使盆土过干,否则会缩短花期。

【病虫害防治】 主要病害有茎腐病、球根腐烂病和病毒病等。茎腐病、球根腐烂病等真菌性病害防治主要是采取土壤和种球消毒、适当稀植、加强通风、降低室内温度和湿度、注意轮作等措施。种球消毒需在收获后、种植前进行。病毒病的防治措施主要有实生繁殖复壮和组培脱毒复壮。一旦发现病球、病株,应立即拔除并销毁。主要害虫有蚜虫、蓟马、叶螨等。可用10%除虫菊酯乳油或5%鱼藤乳油2 000倍液喷杀防除。

【应用及配置】 小苍兰可作盆栽观赏或作切花。其株态清秀,花色丰富浓艳,芳香浓郁,花期较长,花期正值元旦、春节,深受人们欢迎。可作盆花点缀厅房、案头,也可切花瓶插或做花篮。在温暖地区可栽于庭院中作为地栽观赏花卉,用于布置花坛或自然片植。

第六章 球根花卉

(六)朱顶红

别名朱顶兰、孤挺花、华胄兰、百子莲。石蒜科,孤挺花属。

【外观形态】 鳞茎肥大近球形,直径5~7厘米,外皮淡绿色或黄褐色。叶片两侧对生,带状,先端渐尖,6~8枚,多于花后生出。总花梗中空,被有白粉,顶端着花2~4朵;花喇叭形,花期由冬季至翌年春季,甚至更晚。现代栽培的多为杂种,花朵硕大,花径大者可达20厘米以上,而且有重瓣品种;花色艳丽,有大红色、玫瑰红色、橙红色、淡红色、白色等。自然花期4~6月份。

【生态习性】 喜温暖湿润气候,生长适温18℃~25℃。忌酷热,阳光不宜过于强烈,应置荫棚下养护。怕水涝。冬季休眠期,要求冷凉气候,以10℃~12℃为宜,不得低于5℃。喜富含腐殖质、排水良好的砂壤土。

【繁殖方法】 多用分球、鳞片扦插、刻伤法繁殖。

(1)分球繁殖 于2~3月份换盆时进行。分栽前先去除老根和宿土,将母球旁生的小鳞茎分开,视鳞茎大小分类盆栽,一般开花鳞茎周长在24~26厘米。栽植时鳞茎的1/3露出土面。3月份栽植,4~5月份开花。

(2)鳞片扦插繁殖 选发育良好的无病大鳞茎,剥去外层过分老熟的鳞片,纵切并分离成双鳞片繁殖体。9月份将双鳞片插于沙床,在18℃~20℃温度条件下,保持湿润,当年形成小鳞茎。翌年春季于小鳞茎上长出新苗,需继续培养3年成为开花的鳞茎。

(4)刻伤法繁殖 选择周长24~26厘米鳞茎,用1%硫酸铜液浸泡5分钟,用水洗净后,切去鳞茎上部的1/3,用刀轻轻从底部刻伤鳞茎中心的主芽,然后平放在沙床上,室温保持18℃~22℃,维持较高的空气湿度,2个月后在鳞片之间形成若干小鳞茎。

【栽培管理】 盆栽、地栽均可。覆土时应将鳞茎顶部露出土面。寒冷地区应于10月下旬将鳞茎挖出,直径达6厘米以上的鳞茎可分盆栽种,以待开花。直径5厘米以下的小鳞茎则应在干燥沙土中贮藏,翌年4月份再地栽培养,一般经2年地栽后,即可形成开花的鳞茎。此外也可于7~8月份高温季节进行双鳞片扦插繁殖,以获得大量种球。扦插适温为27℃~30℃,保持湿润,6周后可产生小球并生根。3~4月份栽种小球,5~6月份即可开花。花期充分灌水,花后增施追肥。盛夏宜置半阴处,8月份以后逐渐停止生长,水分随之减少至停止浇水,入冬保持干燥,并保持10℃~13℃的温度,促其充分休眠。

【病虫害防治】 主要病害有斑点病、病毒病和线虫病。斑点病危害叶、花、花葶和鳞茎,病部发生圆形或纺锤形赤褐色斑点,尤以秋季发病多。防治此病,应摘除病叶;栽植前鳞茎用0.5%福尔马林溶液浸泡2小时,春季定期喷洒等量式波尔多液。病毒病致使朱顶红的根、叶腐烂,可用75%百菌清可湿性粉剂700倍液喷洒防治。线虫病的致病线虫主要从叶片和花茎上的气孔侵入,侵入后引起叶和花茎发病,并逐步向鳞茎方向蔓延。防治线虫病需将鳞茎用43℃温水加入0.5%福尔马林浸泡3~4小时,可收到防治效果。主要虫害为红蜘蛛,可用1.8%虫螨克乳油4 000~6 000倍液喷杀。

【应用及配置】 朱顶红花葶直立,花朵硕大,色彩极为鲜艳,适宜盆栽,也可配置花境、花丛或作切花。

思考题

1. 露地球根花卉主要有哪几种?
2. 温室球根花卉主要有哪几种?
3. 简述上述各种花卉的繁殖、栽培要点和应用配置方法。
4. 简述上述各种花卉的病虫害种类及防治措施。
5. 在球根花卉中哪些花卉可在国庆期间开花?

第七章 水生花卉

一、常见水生花卉

(一) 荷 花

别名莲花、芙蕖、水芝、水芙蓉、菡萏、芙蓉、六月春、水芸、红蕖、玉环。睡莲科,莲属。

【外观形态】 根茎(藕)肥大多节,横生于水底泥中。叶盾状圆形,表面深绿色,被蜡质白粉,叶背灰绿色,全缘并呈波状;叶柄圆柱形,密生倒刺。花单生于花梗顶端,高托于水面之上,有单瓣、复瓣、重瓣及重台等品种;花色有白色、粉色、深红色、淡紫色或间色等变化;雄蕊多数;雌蕊离生,埋藏于倒圆锥状海绵质花托内,花托表面具多个散生蜂窝状孔洞,受精后逐渐膨大成为莲蓬,每一孔洞内生1个小坚果(莲子)。花期6~9月份,每日晨开暮闭。果熟期9~10月份。

【生态习性】 荷花属喜温喜阳植物,要求气候温暖、光照充足。在15℃~40℃的温度范围内均可正常生长,其中最适宜的气温是20℃~30℃,最适宜的水温是20℃~25℃。

【繁殖方法】 可播种繁殖或分株繁殖。播种繁殖主要是用于培育新品种;分株繁殖可保持品种特性,在园林中常用。

(1) **分株繁殖** 选取带有顶芽和保留尾节的藕段作种藕。池栽时可用整枝主藕作种藕;缸栽或盆栽时,主藕、子藕、孙藕均可使用。栽植前,应翻整泥土并施入基肥。栽植时,用手指保护种藕顶芽,与地面成20°~30°角将顶芽斜向插入泥中,尾节露出泥面;缸栽或盆栽时,种藕应沿缸壁徐徐插入泥中。

(2)播种繁殖　选取饱满的莲子(种子),然后对其进行"破头"处理。即将莲子凹入一端破一小口,之后将其放入清水中浸泡3～5天,每天换水1次,待浸泡的莲子长出2～3枚幼叶时便可播种。莲子无休眠期,可随采随播。也可用贮藏莲子播种,春、秋两季均可进行,适宜的贮藏温度为17℃～24℃。

【栽培管理】

(1)场地选择　栽种荷花的场地应选在地势平坦、背风向阳的地方。缸栽荷花,可用大口平底的圆缸或腰圆缸。缸的大小随花的品种而定,缸高一般为30～50厘米,口径40～70厘米。摆放时,缸距0.8～1米,过道1.5～2米。盆栽碗莲,盆、碗的大小亦视花的品种而定,一般盆高15～25厘米,口径20～30厘米。摆放时,盆距20～30厘米。

(2)水土条件　①荷花池塘栽培一般要求土层深20～40厘米,盆栽20厘米;土壤pH值5.6～7.5之间均能正常生长,但以微酸性或中性土壤最为适宜。②缸栽荷花,取池塘沉积的淤泥,经冬天晾晒风化,打碎过筛;或取菜园熟化土,加入一定的腐熟粪肥即可。

(3)栽种时期　①池塘观赏荷花栽植时间因地区、品种不同而异。一般当地气温稳定在15℃、池塘土温达12℃以上时栽种。②盆栽荷花,当气温达到15℃以上时,即可缸栽、盆栽。

(4)栽培要点　①栽种方法。栽种时,种藕顶芽应斜插入土,尾梢稍露出水面,以利于植株正常生长。不同品种或同一品种大小悬殊的种藕不宜混栽,以免长势差异过大相互干扰,影响观赏效果。②品种选择。观赏荷花按其用途可分为场莲、缸莲和碗莲,应根据栽培目的加以选择。场莲植株高大,花色丰富,主要用于园林景点配置;缸莲、碗莲则以庭院、阳台及室内摆设为主,植株相对较矮。③种藕选择。种藕大小因品种而异,但必须健壮、色泽新鲜,有1个完整无损的顶芽、2节壮实的节间(藕身)和留有节的尾梢。顶芽是伸展藕鞭的生长点,凡顶芽被折断的藕,均不宜作种藕,否则当年多不开花;节间是为生长点萌发、生长藕鞭提供营养的。所以,凡顶芽变黑、节间皮色泛紫晕、手掐有柔软之感的,多为病藕,不宜作种。

(5)施肥要点　池塘栽培,若土壤肥沃、基肥充足,一般可以不追肥;但新建池塘或长势欠佳的池塘需及时追肥。追肥以固体肥料为主,如绿肥或厩肥或缓慢释放肥效的肥料。肥料要尽量施入泥中,以提高肥效。观赏荷花的整个生长期,一般追施2~3次。①栽后30~35天,池塘里已长出少量立叶时追施发棵肥。每667平方米施腐熟有机肥1000千克或复合肥10千克。要求将肥料塞入泥中,促进地下茎及立叶的生长。②栽后50~60天、池塘已长满立叶、即将封行时追施催花肥。视荷花生长情况,每667平方米撒施复合肥10~20千克促进早开花、多开花。此时因地下茎布满池塘,一般不建议进入池塘操作,而改用傍晚撒施,撒施后浇水冲洗,以免肥料烧伤叶片。③7月下旬至8月下旬,开花盛期第一高峰期过后一段时间内,花朵数量相对会有所减少,此时每667平方米追施优质复合肥10千克可促使多开花,且色彩鲜艳,同时促进地下种藕的生长。④补施钾肥,以增强茎秆硬度及植株抗病能力。可与发棵肥一起追施,一般每667平方米施硫酸钾10~20千克。

【病虫害防治】　荷花病害较多,特别是高温季节发病率更高。其中危害严重、普遍发生的侵染性病害有腐烂病、叶斑病、褐纹病、斑枯病等。对病害应以预防为主,重视综合防治。如选用抗病品种、合理轮作、增施有机肥、清理枯枝病叶等。荷花的主要虫害有斜纹夜蛾、潜叶咬蚊、锥实螺等。防治斜纹夜蛾选用奥绿1号或锋芒等高效低毒杀虫剂800倍液喷施灭虫,要求喷中下层荷叶及上层荷叶,每隔5天喷1次,连喷3次;或用黑光灯诱杀成虫。潜叶咬蚊主要为害幼叶、幼苗,用90%晶体敌百虫1000倍液叶面喷雾防治,即可控制虫害。

【应用及配置】 荷花花大色艳,清香四逸,是极其重要的水生花卉,可装点水面景观,也是切花的好材料。

(二)睡 莲

别名子午莲、水芹花。睡莲科,睡莲属。

【外观形态】 根状茎粗短。叶丛生,具细长叶柄,浮于水面,纸质或革质,近圆形或卵状椭圆形,直径6~11厘米,全缘,无毛,叶面深绿色,幼叶有褐色斑纹,叶背暗紫色。花单生于细长的花柄顶端,多白色,漂浮于水面,直径3~6厘米;萼片4枚,宽披针形或窄卵形。聚合果球形,内含多数椭圆形黑色小坚果。长江流域花期5月中旬至9月份,果期7~10月份。

【生态习性】 喜强光、通风良好、岸边有树荫的池塘。虽能开花,但生长较弱。对土质要求不严,pH值6~8均生长正常,但喜富含有机质的壤土。

【繁殖方法】 可分株或播种繁殖,但以分株繁殖为主。

(1)分株繁殖 于每年春季3~4月份芽刚刚萌动时将根茎掘起,用利刀分成几段,保证每段根茎上带有2个以上充实的芽眼,栽入池内或缸内的河泥中。

(2)播种繁殖 采种后,将黑色椭圆形饱满的种子放在清水中密封贮藏,直至翌年春天播种前取出。浸入25℃~30℃的水中催芽,每天换水,2周后即可发芽。待幼苗长至3~4厘米时,即可种植于池中,保证足够的水深。

【栽培管理】 ①盆栽。每年春分前后,在花盆底部放入腐熟的豆饼或骨粉、蹄片等肥料,再放入厚30厘米以上肥沃河泥。将带有芽眼的根茎段栽入盆中,覆土没过顶芽,然后在盆(缸)中加水。高温季节及时换水,以免藻类的产生而影响其美观。②池栽。于早春将池水放净,施入基肥后添入新塘泥,灌入充足的水,然后栽植。冬季池水深度保持1.1米以上,可使根茎安全越冬。

【病虫害防治】 由于睡莲属浮叶植物,很容易遭受杂草危害,应及时清除杂草,可喷洒0.3%~0.5%硫酸铜溶液防治。虫害主要有斜纹夜蛾、蚜虫和田螺等,为害幼叶及花朵。防治蚜虫可用40%乐果1 500~2 000倍液喷洒。防治斜纹夜蛾可用敌百虫800~1 200倍液喷洒。防治田螺可将敌百虫混入锯末,装入布袋系在叶柄上,使之在水面随波晃动、药液扩散,以达到杀死害虫的目的。

【应用及配置】 睡莲是非常重要的水生观赏植物,可用于美化平静的水面,也可盆栽观赏,亦常作切花材料。

(三)千屈菜

别名水柳、水枝柳、水枝锦。千屈菜科,千屈菜属。

【外观形态】 植株高达1米,多分枝;茎和枝具4~6棱,幼时有白色柔毛,后脱落。叶对生或3枚轮生,无柄;叶片狭披针形,长4~10厘米、宽1~1.5厘米,顶端钝或短尖,基部圆形或心形,有时稍抱茎。花紫色,为顶生大型的穗状花序,苞片阔披针形至三角状卵形;萼筒长5~8毫米,6齿裂,有细棱12条,稍有粗毛,萼齿间有长于萼齿2倍的尾状附属物;花瓣6枚,生于萼管上部,有短爪,稍皱缩;雄蕊12枚,6长6短。花期7~9月份。蒴果椭圆形,包于宿萼内,2裂,裂瓣上部再2裂。种子细小,无翅。

【生态习性】 喜温暖及光照充足、通风良好的环境,喜水湿。我国南北各地均有野生,多生长在沼泽地、水旁湿地和河边、沟边。比较耐寒,在我国南北各地均可露地越冬。在浅水中栽培长势最好,也可旱地栽培。对土壤要求不严,在土质肥沃的塘泥基质中生长花色艳丽,长势强壮。

【繁殖方法】 可用播种、扦插、分株等方法繁殖。但以分株、扦插繁殖为主。

(1)分株繁殖 在4月份进行。当天气渐暖时,将老株挖起,抖掉部分泥土,用快刀或锋利的铁锨分切成若干丛,每丛带芽4~7个,另行栽植。

(2)扦插繁殖 可在春、夏两季进行。剪取嫩枝长6~7厘米,去掉基部叶片,仅保留顶端2节叶片,制成插穗。将插穗的1/3~1/2插入湿沙中。可盆插或露地床插。插后用薄膜覆盖,每天中午喷水1次,保持温度20℃~25℃,30天左右即可生根。

【栽培管理】 千屈菜生命力极强,管理也十分粗放,但要选择光照充足、通风良好的环境。盆栽可选用口径50厘米左右的无底洞花盆,装入盆深2/3的肥沃塘泥,1盆栽5株即可。如要做成微型盆栽,可选20厘米左右口径的小盆,生长期不断打顶促使其矮化分蘖。生长期盆内保持有水。露地栽培按园林景观设计要求,选择浅水区和湿地种植,株行距30厘米×30厘米。生长期要及时拔除杂草,保持水面清洁。为增强通风,须剪除部分过密过弱枝,及时剪除开败的花穗,促进新花穗萌发。冬季上冻前盆栽千屈菜要剪除枯枝,盆内保持湿润;露地栽培不用保护可自然越冬。一般2~3年要分栽1次。

【病虫害防治】 千屈菜一般没有病害。在过于密植、通风不畅时会有红蜘蛛为害,可用一般杀虫剂防除。

【应用及配置】 千屈菜多用于水边丛植和水池遍植,作水生花卉园花境背景。还可盆栽摆放庭院中观赏,以及作切花材料。

(四)凤 眼 莲

别名水浮莲、水葫芦。雨久花科,凤眼莲属。

【外观形态】 叶单生,叶片基本为荷叶状,叶顶端微凹,圆形略扁,叶柄基部略带紫红色。秆(茎)灰色。嫩根为白色,老根偏黑色。花为浅蓝色,呈多棱喇叭状;花瓣上生有黄色斑点,看上去像凤眼,也像孔雀羽翎尾端的花点,非常耀眼、靓丽。花期7~10月份。

【生态习性】 耐寒性较差。喜欢温暖向阳及富含有机物质的静水或流速缓慢的动水,水温要求在20℃左右。对环境适应性较强,繁殖力旺盛,单株一年内可覆盖十几平方米水面。

【繁殖方法】 以分株繁殖为主。

分株繁殖在春季进行。将横生的匍匐茎切成几段或带根切离几个腋芽,投入水中即可自然成活。此种繁殖极易进行,繁殖系数也较高。

【栽培管理】 通常浅水栽植或盆栽。因耐寒性差,故霜降之前应予保护,转入冷室水中养护,翌年投入池中。盆栽植株应使根系稍扎入土中,并在生长期定量补给有机肥料,供给充足光照,可使其生长强健,开花多而大。批量栽培可利用房前屋后潮湿的零散地或空闲的沼泽地,在6~7月间,将健壮的、株高偏低的种苗进行移栽,要预留出50%的空地以利于栽后分蘖繁殖。移栽后适当管理,保持土层湿润,加强光照,确保通风。如果要延长花期,可进行塑料棚保温,中午通风1~2小时。在花芽形成后可移栽到小盆,用偏酸性土或营养液培养。摘除老叶,留4~5枚嫩叶及花穗,既能延长花期,又可移至案头等处观赏。

【病虫害防治】 凤眼莲在光照充足、通风良好的环境下,很少发生病害。气温偏低、通风不畅等会发生菜青虫类的害虫啃食嫩叶。少量发生可人工捕捉杀灭,普遍发生时可用乐果乳油进行杀灭。

【应用及配置】 凤眼莲叶色光亮,叶柄形态奇特,开花高雅俏丽,是布置水面的良好绿化材料,花序还可作切花材料。

二、其他水生花卉

除了荷花、睡莲、千屈菜、凤眼莲等常见的水生花卉外,还有许多平时不常见的水生花卉:黄色鸢尾、菖蒲、慈姑、梭鱼草、再力花、这类花卉植株高大,花色艳丽,绝大多数有茎、叶之分,根或地下茎扎入泥中生长发育,上部植株挺出水面;芡实、荇菜,这类花卉根状茎发达,花大,色艳,无明显的地上茎或茎细弱不能直立,而它们的体内通常贮藏有大量的气体,使叶片或植株漂浮于水面;黑藻、金鱼藻、眼子菜、苦草、菹草,这类花卉根茎生于泥中,整个植株沉入水体之中,通气组织发达。

思 考 题

1. 水生花卉主要有哪几种?
2. 简述上述各种花卉的繁殖、栽培要点和应用配置方法。
3. 简述上述各种花卉的病虫害种类及防治措施。

附录：草本花卉工培训考核项目及评分标准

见附表1,附表2,附表3。

附表1 整地做畦

序号	测定标准	评分标准	满分	检测点 1	2	3	4	5	得分
1	考核时间	60分钟。超时扣分,每超过1分钟扣3分							
2	苗床规格	畦面:7米长,1.2米宽,0.2米深 沟:7米长,0.7米宽,0.2米深	30						
3	平面要求	平整。表面土粒均匀,如黄豆大小。畦面不积水	30						
4	对边要求	畦与沟边要直,要平行	20						
5	沟底要求	无砖、石块、草根,沟底不积水	20						
总 分		100		实际得分					

附表2 秧 苗

序号	测定标准	评分标准	满分	检测点 1	2	3	4	5	得分
1	考核时间	30分钟栽60颗(苗高1厘米以上),每超过3分钟扣3分							
2	土壤准备	用于秧苗的盆或容器要清洁。装土由排水孔往上粗土、细土逐步上升。表面平整、有积水余地,压紧	30						
3	起苗要求	起苗前要湿润土壤。起出的小苗植株完整,不伤根系	30						

续附表 2

序号	测定标准	评分标准	满分	检测点 1	2	3	4	5	得分
4	种植要求	深度适宜,忌过深,不伤根茎,排列整齐、均匀,间距适当	20						
5	浇水要求	用盆底吸水法。浇水要适当,不宜过湿,浇后土面无裂缝,苗不倒、不歪、不漏根	20						
总 分		100		实际得分					

附表 3 翻 盆

序号	测定标准	评分标准	满分	检测点 1	2	3	4	5	得分
1	考核时间	40 分钟完成 20 盆(口径 20~23 厘米),每超过 1 分钟扣 3 分							
2	垫盆装土	用粗糙砖瓦覆盖盆底排水孔,种后浇水时水能顺利流出盆底孔。加土由粗至细,盆土表面中间高、周边低	20						
3	脱 盆	用手托花盆基部,翻转花盆,防止盆土散裂和植株损伤。除去部分旧土,修去枯根、烂根	30						
4	种 植	保持根系伸展,种植后植株不动摇,忌种植过深	30						
5	排 盆	排列整齐平整,中间高、周边低,盆距适当	10						
6	浇 水	浇水量适当,浇后植株不歪	10						
总 分		100		实际得分					